AF274193

El pequeño libro

DE LA

METEOROLOGÍA

Amat editorial

Amat Editorial, sello editorial especializado en la publicación de temas que ayudan a que tu vida sea cada día mejor. Con más de 400 títulos en catálogo, ofrece respuestas y soluciones en las temáticas:

- Educación y familia.
- Alimentación y nutrición.
- Salud y bienestar.
- Desarrollo y superación personal.
- Amor y pareja.
- Deporte, fitness y tiempo libre.
- Mente, cuerpo y espíritu.

E-books:
Todos los títulos disponibles en formato digital están en todas las plataformas del mundo de distribución de e-books.

Manténgase informado:
Únase al grupo de personas interesadas en recibir, de forma totalmente gratuita, información periódica, newsletters de nuestras publicaciones y novedades a través del QR:

Dónde seguirnos:

 | @amateditorial

   | **Amat Editorial**

Nuestro servicio de atención al cliente:
Teléfono: **+34 934 109 793**
E-mail: **info@profiteditorial.com**

El pequeño libro

DE LA

METEOROLOGÍA

Jordi Mazón y Marcel Costa

Amat editorial

© Jordi Mazón y Marcel Costa, 2026
© Profit Editorial I., S.L., 2026
Amat Editorial es un sello de Profit Editorial I., S.L.
Travessera de Gràcia, 18-20, 6º 2ª; Barcelona-08021

© de las imágenes de los QR de las páginas 120, 121, 123, 124, 127, 128,
147, 148, 155, 160 y 162: Marcel Costa

Diseño de cubierta: XicArt
Maquetación: Marc Ancochea

ISBN: 978-84-10451-62-9
Depósito legal: B 928-2026
Primera edición: Febrero de 2026

Impresión: Gráficas Rey
Impreso en España / *Printed in Spain*

No se permite la reproducción total o parcial de este libro, ni su incorpo-
ración a un sistema informático, ni su transmisión en cualquier forma o por
cualquier medio, sea electrónico, mecánico, por fotocopia, por grabación
u otros métodos, sin el permiso previo y por escrito del editor. La infrac-
ción de los derechos mencionados puede ser constitutiva de delito contra
la propiedad intelectual (Art. 270 y siguientes del Código Penal). Diríjase
a CEDRO (Centro Español de Derechos Reprográficos) si necesita fotoco-
piar o escanear algún fragmento de esta obra (www.cedro.org; teléfonos:
91 702 19 70-93 272 04 45).

CONTENIDOS

I. BREVE HISTORIA DE LA METEOROLOGÍA

1. El mundo antiguo: dioses y mitología **11**

2. La meteorología en Grecia: de los dioses del cielo
   a las primeras explicaciones racionales. **14**

3. El estancamiento de la Edad Media **17**

4. El Renacimiento, el inicio de la era científica
   de la atmósfera. **19**

5. Los siglos XVII y XVIII: la era de las sociedades
   académicas **23**

6. La era de la meteorología sinóptica y la exploración
   aerostática **25**

7. La era de la meteorología moderna **27**

8. El presente de la meteorología **29**

II. LA ATMÓSFERA

9. El envoltorio gaseoso de la Tierra. **33**

10. Composición del aire **38**

11. El peso del aire: veinte vacas por
    metro cuadrado **39**

12. Radiación solar y radiación terrestre:
    balance energético de la atmósfera **42**

13. Altas y bajas presiones: anticiclones y depresiones **46**

14. La distribución de presiones a la Tierra. **52**

15. La CGA: los grandes vientos de la Tierra. **55**

16. Los frentes **58**

17. Las corrientes en jet **63**

18. Ondas de Rossby **65**

III. EL ESTUDIO DE LA ATMÓSFERA

19. La observación meteorológica **69**

20. Parámetros meteorológicos y aparatos de medida. . . . **71**

21. Teledetección: la observación remota **83**

22. La predicción meteorológica en el tiempo de la
    inteligencia artificial **100**

IV. NUBES Y FENÓMENOS METEOROLÓGICOS

23. ¿Qué son las nubes? El agua en la atmósfera **105**

24. Ingredientes para formar una nube **108**

25. La clasificación internacional de las nubes:
del hobby de un farmacéutico a la clasificación
científica de las nubes **118**

26. Los fenómenos meteorológicos y su clasificación..... **139**

V. EL CLIMA

27. ¿Qué es el clima? **167**

28. Factores que determinan el clima **169**

29. Clasificación de los climas...................... **173**

30. El cambio climático **176**

Bibliografía **190**

Lecturas recomendadas **191**

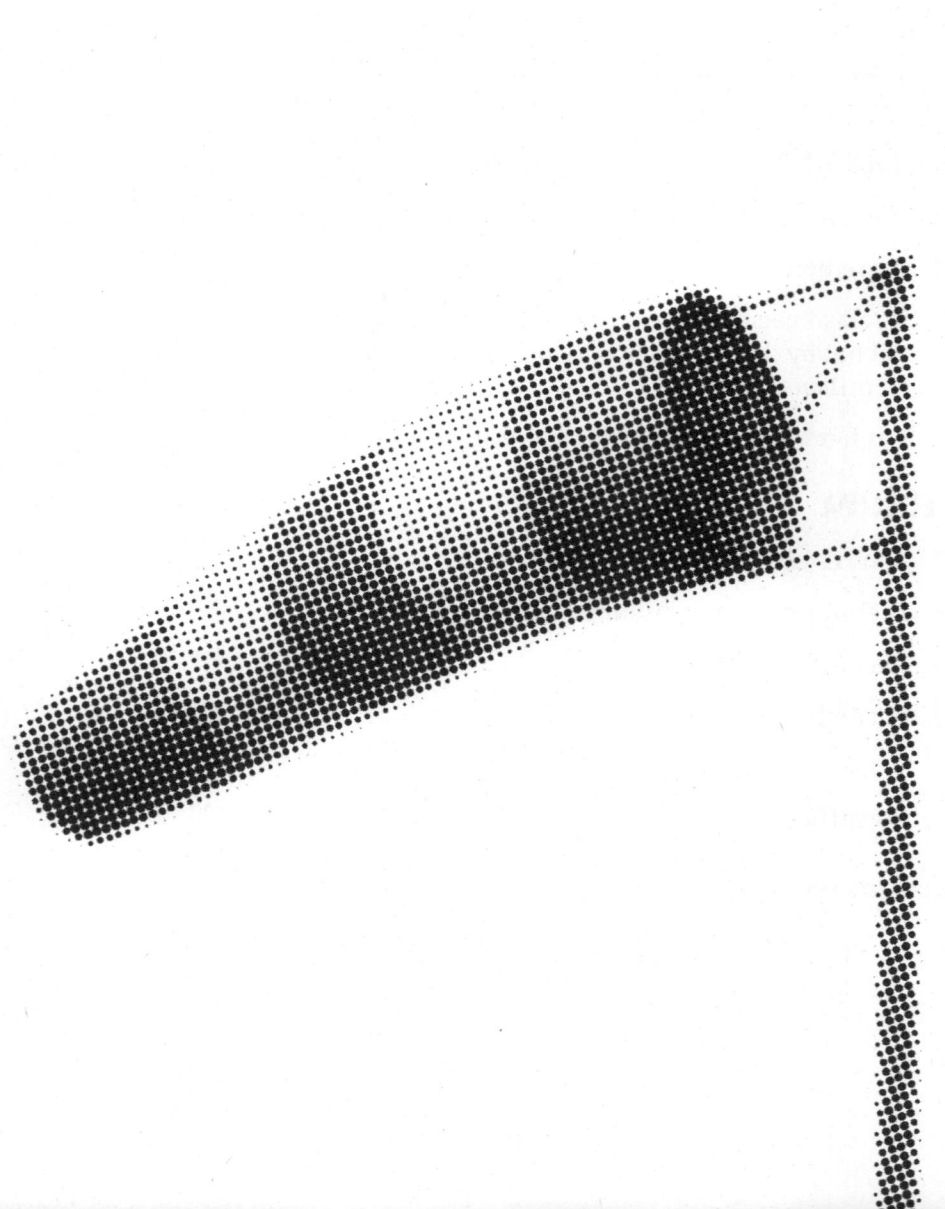

I. Breve historia de la meteorología

1. EL MUNDO ANTIGUO: DIOSES Y MITOLOGÍA

Las civilizaciones antiguas sentían una gran fascinación por el tiempo. Los fenómenos meteorológicos y climáticos ejercían una gran influencia en aquellas sociedades. Dicha fascinación fue derivando hacia un interés por predecir estos fenómenos, sobre todo con la aparición de la agricultura y el inicio del sedentarismo. Los dioses eran los responsables del estado del tiempo atmosférico, de que lloviera, hiciera calor o que hubiera sequías que dañaran las cosechas. El mal tiempo era un castigo divino, y por eso en algunas sociedades hacían sacrificios y plegarias a los dioses. Los primeros meteorólogos fueron los sacerdotes de estas civilizaciones antiguas, cuya única misión consistía en aplacar la ira de los dioses, que eran la gran autoridad del tiempo atmosférico. Que hiciera buen tiempo dependía de la habilidad de estos sacerdotes para convencer a los dioses, y para ello les ofrecían sacrificios de animales, y de humanos si era preciso. En otras civilizaciones, como en la del antiguo Egipto, hace unos 6.000 años, se hacían predicciones climáticas y meteorológicas según la posición de las estrellas en el cielo. A partir de esta observación, los egipcios podían predecir las crecidas del Nilo y adaptar sus cosechas a estas inundaciones del río en las tierras de cultivo. A pesar de este esfuerzo de predicción, la vida de los egipcios continuaba dependiendo de la voluntad de dos poderosos dioses: Ra, el dios del Sol, que controlaba el movimiento de los cuerpos celestes, y recorría cada día el cielo en una barca solar para regresar a través del mundo de los muertos, y Osiris, que controlaba y gobernaba a los muertos y la fertilidad de los vivos. Su voluntad hacía posible que surgiera la vegetación y las crecidas anuales del Nilo.

En otras civilizaciones milenarias, alejadas de Egipto, como en la India, también se loaba a los dioses. Para ellos, la principal divinidad era Indra, el dios de las lluvias y las tormentas. En las primeras civilizaciones del norte de Europa, también encontramos divinidades de la lluvia, como el escandinavo Thor, el dios del trueno, que llevaba la lluvia. Su nombre proviene de una palabra germánica que designa el «trueno», y que se representaba como un gran guerrero con un martillo que simbolizaba el rayo.

EL DIOS MARDUK

Al mismo tiempo del nacimiento de la cultura del antiguo Egipto, surgieron otras civilizaciones como la babilónica, también a orillas de ríos importantes, como el Tigris y el Éufrates, en Mesopotamia. Aunque eran ríos caudalosos, para la cultura mesopotámica la lluvia tenía un significado especial, tal como demuestra su mitología. En la cultura babilónica, aparecida al sur de Mesopotamia entre los años 2100 y 689 a. de C., Marduk era el dios del cielo y las tormentas y, en definitiva, de él dependía que lloviera. Los babilonios fueron los primeros que intentaron hacer pronósticos meteorológicos, predecir los cambios de tiempo a corto plazo, basándose en observaciones astronómicas y en el aspecto de las nubes y la presencia de determinados fenómenos, como los halos o los parhelios. En la tablilla de arcilla del rey Asurbanipal, que data del siglo VII a. de C., hay una inscripción que habla de la relación entre los fenómenos ópticos y los cambios de tiempo: «Si la Luna aparece rodeada por un halo, el mes será lluvioso, o bien se formarán nubes.» Es el inicio de la predicción meteorológica popular, basada en la observación de la atmósfera, y que perdurará hasta nuestros días.

DE LOS DIOSES A LA OBSERVACIÓN

A pesar de la confianza en los dioses para explicar los fenómenos meteorológicos y climáticos, la observación del cielo fue afianzándose en las diferentes sociedades antiguas. Por ejemplo, en el hinduismo, en el siglo VI, el astrónomo Varahamihira elaboró un calendario lunar con referencias atmosféricas para proporcionar a los agricultores una especie de almanaque meteorológico que resultara útil a su actividad. En la civilización china, hacia el VII a. de C., se han descrito observaciones atmosféricas precisas, especialmente por lo que respecta a los solsticios y equinoccios y su relación con determinados acontecimientos meteorológicos. En el *Zuo Zhuan* se explica la formación de las nubes. En otro texto, el *Chou Li*, se relata que los funcionarios imperiales tenían la obligación de observar la nubosidad y los vientos dominantes con el fin de intentar averiguar el tiempo atmosférico futuro. En la cultura china también hay que destacar la relación entre viento y lluvia, descritas en la obra *Lun Hêng* del pensador Wang Chung, a caballo de los siglos IV y III a. de C., en la que también argumenta una teoría sobre el ciclo del agua.

DE LA OBSERVACIÓN A LA EXPLICACIÓN

Varias civilizaciones antiguas utilizaron observaciones empíricas, tanto astronómicas como meteorológicas, para determinar los cambios estacionales y conocer el funcionamiento de la atmósfera. Como consecuencia de estas observaciones y del conocimiento de la atmósfera, en algunas civilizaciones orientales se desarrollaron los primeros instrumentos de medida, como el pluviómetro, seguramente el más antiguo de los aparatos meteorológicos. Aparece descrito en documentos fechados hacia el 296 a. de C.

en la India, aunque también se sabe que en Palestina, hace 2000 años, se medían las precipitaciones. Lamentablemente, no se han conservado registros pluviométricos de aquellas épocas.

La aparición de la obra de Aristóteles *Meteorológicos*, hacia el año 340 a. de C., en la que reflexiona y argumenta sobre los diferentes fenómenos atmosféricos desde un punto de vista más científico y racional, sin incorporar demasiados elementos mágicos ni sobrenaturales, marca un punto de inflexión en el conocimiento de la atmósfera. Esta obra, que conservó su vigencia hasta bien entrada la Edad Media, no surgió de forma espontánea, sino que fue una consecuencia del esfuerzo de una serie de pensadores de distintas culturas que, pese a introducir elementos mágicos y divinos, supieron describir y transmitir una sabiduría meteorológica más contemplativa que explicativa, aunque de gran valor.

2. LA METEOROLOGÍA EN GRECIA: DE LOS DIOSES DEL CIELO A LAS PRIMERAS EXPLICACIONES RACIONALES

La mitología de la antigua Grecia, hace unos 2.500 años, está colmada de dioses relacionados con los fenómenos meteorológicos, como en casi todas las culturas y civilizaciones antiguas. Hay varias divinidades asociadas a los astros, como Helios, la personificación del Sol, y Selene, la diosa de la Luna. Las tormentas violentas están representadas por las hijas de Poseidón y Gea, las harpías Aelo y Ocípete. Dada su espectacularidad, los truenos y relámpagos adquieren un tratamiento importante, por eso su responsable, el dios Zeus, que desciende a la Tierra con la apariencia del rayo y el trueno, también lo es. El viento depende de Eolo, que habitaba en las islas Eolias, al norte de Sicilia, donde creaba fuertes vientos que enviaba por todas partes. Las Hespérides eran las ninfas de las nubes, e Iris la del arco iris. Es una mujer bella con alas y vestimentas multicolores, rociadas de gotas de agua en las que se refleja la luz del sol. La luz rosada se explica por las lágrimas de la diosa Aurora.

A pesar de esta multitud de dioses, para la cultura griega todo este universo mitológico era más estético que religioso. En el siglo IV a. de C. hay un punto de inflexión importante, ya que, por primera vez, se genera un interés y un esfuerzo de análisis y reflexión con la intención de dar respuesta a los fenómenos atmosféricos de una forma racional, sin recurrir a la voluntad divina. Los pensadores griegos pasan de un pensamiento divino —en el que los dioses del Olimpo eran los responsables de todos los fenómenos meteorológicos— a un pensamiento que defiende que todo es consecuencia de una causa y una necesidad.

LOS PRIMEROS ESTUDIOSOS DE LA ATMÓSFERA

En el mundo griego algunos pensadores destacaron por el esfuerzo que llevaron a cabo para explicar los fenómenos meteorológicos. Este es el caso de Tales de Mileto, que en su obra *Cosmología* propone el agua como principio universal. Elaboró calendarios meteorológicos, y argumentó que el causante de los terremotos es el viento. También relacionó las inundaciones del Nilo con un determinado viento procedente del interior de Egipto. Anaximandro, discípulo de Tales, señaló la importancia del aire en la meteorología, y llegó a afirmar que «los vientos se generan al concentrarse y separarse del aire los vapores más ligeros». Asoció el trueno, el rayo y la lluvia con diferentes propiedades del viento. Anaxímenes destacó el aire como el principio fundamental de todas las cosas. Según él, la condensación o la alteración del aire son las responsables de las transformaciones atmosféricas. Y el viento, las nubes y la lluvia son diferentes estadios de la condensación del aire. El trueno y el rayo se producen por rozamiento de las nubes, y el arco iris es el brillo del Sol en una nube densa.

ARISTÓTELES: EL GRAN ESTUDIOSO DE LA ATMÓSFERA

Aristóteles fue uno de los pensadores más importantes de la antigua Grecia, cuyas ideas y teorías prevalecieron hasta el Renacimiento. Como hemos comentado, su obra principal relacionada con la atmósfera, *Meteorológicos*, tuvo una gran trascendencia a lo largo de casi 2000 años. El planteamiento de Aristóteles ofrece una visión del universo en la que la Tierra está constituida por cuatro elementos —agua, fuego, tierra y aire—, mientras que los astros están formados por el quinto elemento, el éter. El origen de los fenómenos meteorológicos se halla en el Sol, el cual produce dos tipos de exhalaciones, una seca desde la Tierra y una húmeda desde el agua. Estas exhalaciones, en diferentes condiciones de temperatura, frío o calor, y según el movimiento, producen los meteoros: «La exhalación procedente del agua es vapor, y la condensación del aire en agua, nube. La niebla es un residuo de la condensación en agua de una nube, por lo que es un indicio de cielo despejado.»

Aristóteles era muy intuitivo. Por ejemplo, señaló el origen de las precipitaciones en el enfriamiento del aire, de manera que estas son más intensas a medida que el enfriamiento del aire es más acusado. La diferencia entre la lluvia, la nieve y el rocío o la escarcha es, según Aristóteles, una cuestión de la temperatura.

3. EL ESTANCAMIENTO DE LA EDAD MEDIA

El impulso iniciado por la civilización griega no tuvo continuación en el Imperio romano, que adoptó las ideas de Aristóteles, un hecho que impidió el desarrollo de la ciencia en Occidente. La caída del Imperio dejó a Occidente huérfano de conocimiento científico, y eso supuso que la recién iniciada Edad Media se convirtiera en un periodo oscuro, no solo social y culturalmente, sino también desde el punto de vista científico. El verdadero desarrollo científico se produce en la cultura árabe. De ahí proceden las predicciones meteorológicas estacionales basadas en la posición de los planetas y las estrellas, y que se recogen en los almanaques. Se trata de la astrometeorología, que durante la Edad Media, en Occidente, dio lugar a predicciones catastróficas sobre el juicio final. Los almanaques se convirtieron en una recopilación de predicciones meteorológicas a largo plazo, consejos para los agricultores, información astronómica y las fiestas religiosas, de uso habitual hasta bien entrado el siglo xviii, a pesar de su poco acierto.

Los pensadores medievales recogieron las teorías aristotélicas sobre el mundo natural y las incorporaron a la doctrina de la Iglesia cristiana. De ese modo, se convirtieron en verdades absolutas e indiscutibles, lo que conllevó la exclusión de cualquier idea que no comulgara con los postulados aristotélicos. La experimentación y la observación, bases de la astronomía y la meteorología, quedaron relegadas. La fidelidad a las ideas aristotélicas era tan enorme que, para la Iglesia cristiana de Occidente, la discrepancia implicaba un hecho de herejía, de modo que todo aquel que se oponía a las ideas de Aristóteles era perseguido, e incluso condenado a muerte. Sin embargo, hubo pensadores que intentaron unir la fe y la razón, la filosofía y la teología. Fueron los escolásticos. Entre ellos, cabe destacar figuras como san Agustín y santo Tomás de Aquino, quienes, a pesar de defender las ideas aristotélicas, contribuyeron al pensamiento científico de la época. Una postura más «radical» fue la del franciscano Roger Bacon (1214-1294), que defendió el planteamiento experimental como base de la ciencia. Si bien argumentó siempre que toda verdad provenía de Dios, su interpretación del medio natural no encajaba con las ideas aristotélicas, razón por la que fue encarcelado hasta su muerte. Su contribución a la meteorología fue una de las más importantes del periodo medieval. Sostuvo que la densidad de la atmósfera variaba de un punto a otro, y que esta era esférica.

Hacia el final de la Edad Media ya se anunciaban ciertos aires de cambio. Las observaciones de astrónomos como Johannes Kepler o Tycho Brahe dieron inicio a los primeros intentos de predicciones meteorológicas. La llegada de la imprenta en el siglo xv, supuso una propagación de ideas y teorías sobre la función de la atmósfera, predicciones del tiempo a partir de la astrología y observaciones astronómicas, y trabajos de carácter general que explicaban las reglas para poder predecir el tiempo. La llegada del Renacimiento, en los siglos xvi y xvii, dio un impulso definitivo al nacimiento de la meteorología.

4. EL RENACIMIENTO, EL INICIO DE LA ERA CIENTÍFICA DE LA ATMÓSFERA

El nacimiento de la meteorología como ciencia coincide con el inicio de la revolución científica, a lo largo de los siglos xvi y xvii, en que la observación, la experimentación y la medida se imponen como método para alcanzar el conocimiento en contra del autoritarismo de las creencias medievales. La predicción del tiempo, que hasta ese momento se había basado en el movimiento y la posición de los cuerpos celestes, fue sustituida por la idea de que el ciclo de las estaciones estaba relacionado con el movimiento de la Tierra alrededor del Sol, según las ideas heliocéntricas de Copérnico de 1543, que descartaba que esta fuera el centro del universo. La invención del termómetro por Galileo en el año 1600, y del barómetro por su discípulo Evangelista Torricelli en 1643, dio inicio a las observaciones meteorológicas instrumentales de una forma regular. Estos nuevos instrumentos despertaron

**El cielo
ofrece muchas señales
antes de anunciar
la tormenta.**

VIRGILIO

———

un interés extraordinario por medir la temperatura y la presión del aire, respectivamente, siguiendo los nuevos postulados filosóficos del momento, encabezados por figuras como Francis Bacon y René Descartes, según los cuales el método científico era la manera de alcanzar el conocimiento, basado en la observación, la medida y la experimentación.

El afán por la experimentación como fuente de conocimiento que impregnó el Renacimiento impulsó a Torricelli a llenar de mercurio un tubo de 1,2 m de longitud, cerrado por un extremo, y sumergir su parte abierta en una bandeja llena de mercurio. Torricelli observó un hecho singular: la mayor parte del mercurio permanecía en el interior del tubo en lugar de vaciarse por completo en el recipiente; de modo que, en la parte superior del tubo, aparecía un espacio vacío, en el extremo cerrado por encima del nivel de mercurio, el cual había descendido hasta una altura siempre similar, alrededor de los 76 cm (760 mm de mercurio, unidad que define la presión de 1 atmósfera). Concluyó que la columna de mercurio, de aproximadamente 76 cm, se aguantaba como consecuencia del equilibrio entre la fuerza que el aire ejercía sobre el mercurio de la bandeja y que la transmitía hacia arriba en la columna dentro del tubo, y el peso de esta columna de mercurio en el interior en el tubo. Había demostrado que el aire pesa, y esta fuerza debida al peso del aire es muy elevada. Pocos años después, en 1654, Otto von Guericke, en presencia del emperador Fernando II de Habsburgo, y ante un público muy numeroso, llevó a cabo su conocido y popular experimento de los hemisferios de Magdeburgo. Construyó dos hemisferios de hierro de unos 50 cm de diámetro cada uno, y, una vez ensamblados, formando una esfera, extrajo el aire del interior, consiguiendo hacer el vacío entre ellos, quedando comprimidos por la fuerza del aire. Para separarlos, fue necesario que ocho caballos atados a cada hemisferio tiraran en sentidos opuestos.

Blaise Pascal fue de los primeros en darse cuenta de que las variaciones en la presión atmosférica estaban relacionadas con los cambios meteorológicos, lo que despertó un gran interés, porque se extendió el uso del barómetro como un instrumento para predecir los cambios de tiempo. En 1660, Otto von Guericke predijo por primera vez una tormenta a partir de la caída rápida de la presión atmosférica medida con el barómetro, dos horas antes de que se produjera. Fue todo un hito. El barómetro se convirtió en el instrumento de moda, clave para el estudio de la atmósfera y del pronóstico científico del tiempo.

El barómetro no fue el único instrumento de medida que se desarrolló en esta época. La Accademia del Cimento [Academia del Experimento] fundada en Florencia en 1657 por el duque Fernando II de Médici, impulsó la mejora de los barómetros existentes y la fabricación de instrumentos nuevos, como el higrómetro. La Accademia también promovió la primera red de observaciones meteorológicas, provistas de instrumentos de medida de la presión atmosférica, la temperatura, velocidad y dirección del viento, y la humedad del aire. Las ciudades de Florencia, Pisa, Bolonia, Milán y Parma fueron las primeras en disponer de estos instrumentos de medida y de un método normalizado de observación. Los datos eran centralizados en la Accademia, donde se analizaban y comparaban. Aunque esta red no perduró demasiado —desapareció en 1667—, estableció las bases de las redes meteorológicas que aparecieron unas décadas más tarde, impulsadas por sociedades académicas de diferentes países europeos, a finales del siglo XVII y a lo largo de todo el XVIII.

5. LOS SIGLOS XVII Y XVIII: LA ERA DE LAS SOCIEDADES ACADÉMICAS

En el siglo XVIII se produjo un gran impulso de las ciencias como la física y la química, lo que supuso un avance importante en el desarrollo de la meteorología como ciencia teórica. A lo largo de este periodo, tuvo lugar la expansión de las redes de observación meteorológicas, con aparatos más precisos y nuevas variables de medición meteorológicas, no solo en el continente europeo, sino también en Norteamérica y la India. Cabe destacar el higrómetro de cabello, un instrumento que sirve para medir la humedad del aire, que inventó Bénédict de Saussure en 1781, y que se basa en las propiedades de absorción de la humedad del aire de este material, el cual aún se utiliza hoy en día. La humedad del aire es una variable muy importante que, en 1802, le permitió al físico inglés John Dalton demostrar que la cantidad de vapor de agua que puede albergar el aire depende de la temperatura; este hecho posibilitó conceptos clave en meteorología, como la presión de vapor, la temperatura del rocío, la presión de saturación y el concepto de humedad relativa.

La Real Sociedad Inglesa definió la metodología de observación y registro de los valores de los instrumentos meteorológicos, que, en esencia, todavía actualmente se utilizan. El análisis de los registros procedente de los instrumentos de las redes meteorológicas permitió que los científicos ingleses William Derham y George Hadley hicieran un descubrimiento importante: los cambios en la presión atmosférica no se producen igual en los diferentes observatorios de una red, sino que se propagan en una misma dirección, relacionada con la velocidad del viento. Este descubrimiento será fundamental para postular, en el siglo xx, la teoría de la circulación general de la atmósfera, y para entender por qué los cambios de tiempo en las latitudes medias vienen del oeste.

Los médicos, en su búsqueda por encontrar la relación entre el tiempo y la salud, desempeñaron un papel clave en el fomento de las observaciones y el registro de datos instrumentales, sobre todo la presión, la temperatura y las precipitaciones. En 1778 se fundó en Francia la Real Academia de Medicina, que coordinaba y mantenía correspondencia con médicos y meteorólogos de todo el país. Este interés médico por la meteorología llegó a Cataluña. En 1780, el doctor Salvà i Campillo inició

observaciones meteorológicas en su domicilio de la calle Petritxol de Barcelona, donde anotaba datos diarios de los registros de presión atmosférica.

Antoine Lavoisier fue una de las figuras más importantes de este periodo por lo que a la colaboración internacional y la transferencia de datos meteorológicos se refiere. Buen conocedor de que las variaciones de los registros de presión simultáneos estaban relacionadas con los cambios de tiempo, propuso la expansión de las redes meteorológicas y la rápida transmisión de datos entre países, con el fin de poder pronosticar el tiempo con uno o dos días de antelación. La meteorología adquirió entonces una perspectiva global. Estaba a punto de nacer la meteorología sinóptica, la era de la creación de mapas del tiempo de escala sinóptica (miles de kilómetros) que cambiaría la visión de la meteorología de la época.

6. LA ERA DE LA METEOROLOGÍA SINÓPTICA Y LA EXPLORACIÓN AEROSTÁTICA

La expansión de las redes meteorológicas a través de las academias y sociedades científicas condujo a la generación de datos meteorológicos distribuidos en grandes áreas territoriales, que se ubicaron en mapas geográficos. El concepto de mapa meteorológico (sinóptico) fue obra de Heinrich Brandes, que a partir de 1820 elaboró una serie de mapas donde aparecían registros de datos meteorológicos en los lugares geográficos donde se situaron las estaciones de medida. En estos primeros mapas, Brandes ya identificó zonas con una presión más elevada que otras, es decir, sistemas de alta y baja presión. Eran mapas de análisis, no de previsión. Hasta que en 1830 no se extendió el uso de las comunicaciones rápidas, a través del telégrafo, los mapas ideados por Brandes no comenzaron a tener una aplicación de previsión del tiempo, basada en el análisis de las tendencias de las variables representadas. La importancia de compartir datos meteorológicos de las diferentes redes meteorológicas de las sociedades académicas y los barómetros que fueron instalándose progresivamente en los barcos comerciales y de la marina, sobre todo la inglesa y la norteamericana, condujeron, en 1873, a la fundación de la Organización Meteorológica Internacional (OMI), la que, en 1950, se convirtió en la actual Organización Meteorológica Mundial (OMM).

La meteorología instrumental con respecto a la superficie terrestre quedó consolidada, sin embargo era necesaria información meteorológica de los vientos, la temperatura y la presión en las capas altas de la atmósfera. La exploración vertical de la atmósfera se inicia a finales del siglo XVIII con los vuelos aerostáticos, que a partir de mediados del siglo XIX incorporan aparatos de medida meteorológica. En ese sentido, cabe destacar la treintena de vuelos de los ingleses James Glaisher y Robert Coxwell entre 1862 y 1866, con múltiples medidas que resultaron ser fundamentales para el conocimiento vertical de la atmósfera. Llegaron hasta los 11 kilómetros de altitud, y repararon en la existencia de la tropopausa, la capa donde la temperatura deja de disminuir y se inicia el ascenso térmico de la estratosfera. Ellos descubrieron la exploración vertical de la atmósfera, y la necesidad de conocer los valores de la presión, la temperatura y el viento a diferentes niveles atmosféricos. Estos datos dieron un impulso definitivo a la creación de mapas del tiempo y la previsión meteorológica, y a finales del siglo XIX fomentaron la creación de los servicios meteorológicos nacionales. En 1870, se creó la primera oficina meteorológica, en Estados Unidos, el precedente de un servicio meteorológico nacional, al ver la necesidad de tener una oficina del tiempo —como se conoció popularmente— para predecir situaciones meteorológicas de riesgo. Países europeos como Suecia, Rusia, Dinamarca o Noruega siguieron a los americanos a la hora de crear sus servicios meteorológicos.

El avance definitivo en el conocimiento de la atmósfera se atribuye precisamente al grupo de meteorólogos vinculados al servicio meteorológico de Noruega, la llamada escuela de Bergen, representada por Vilhelm Bjerknes. Estos plantearon la teoría del frente polar, la formación de frentes de aire de diferente temperatura que se forman alrededor de las zonas de baja presión, donde interacciona la masa de aire polar con la subtropical, y el modelo de la circulación general de la atmósfera. Se empezaron a desarrollar modelos matemáticos mediante la aplicación de las leyes de la física de fluidos a la atmósfera. Este nuevo conocimiento dio un impulso a la previsión del tiempo, y se desarrollaron métodos para la previsión meteorológica. Durante la Primera Guerra Mundial los países hicieron un gran esfuerzo para impulsar los servicios meteorológicos nacionales y por mejorar la previsión meteorológica. Se trató de un hecho de gran relevancia durante la Segunda Guerra Mundial, en la previsión meteorológica de Checketts del día D.

7. LA ERA DE LA METEOROLOGÍA MODERNA

La historia de la meteorología inicia la última etapa tras la Segunda Guerra Mundial. Se trata de una etapa que no se caracteriza por nuevos descubrimientos científicos, sino por la aplicación de la tecnología militar y la computación, como los temidos cohetes alemanes V2, con cabezas balísticas que fueron reemplazadas por cámaras fotográficas. Esto permitió a los investigadores norteamericanos iniciar la exploración de la atmósfera, los cuales lograron fotografiar borrascas y sistemas frontales desde la estratosfera, un paso que desencadenó la era de la teledetección desde el espacio. En abril de 1960 se lanzó el TIROS-1, el primer satélite en órbita terrestre que fotografió la Tierra y que identificó mejor que otros la nubosidad asociada a las borrascas y otros sistemas atmosféricos. A partir de la década de los años sesenta y setenta del pasado siglo xx, la puesta en órbita de satélites meteorológicos supuso un salto muy importante en el ámbito de la meteorología. En 1961 se creó un programa internacional, liderado por Estados Unidos, para la observación y predicción meteorológica, con intercambio de información. En 1966 se puso en órbita el primer satélite geoestacionario, que se mantenía inmóvil enfocando siempre la misma zona de la Tierra, lo que permitió estudiar y seguir los frentes y las borrascas. Años más tarde, en 1977, se pondría en órbita el primero de los satélites Meteosat.

El segundo gran avance en la meteorología durante esta última etapa procedió del aumento de la potencia de cálculo y rapidez de los ordenadores. El matemático británico Lewis F. Richardson impulsó lo que se conoce como predicción numérica de la atmósfera, que consiste en aplicar las ecuaciones matemáticas que describen la atmósfera para encontrar su estado futuro. Fue un cambio importante, que significó pasar del análisis en la evolución de los mapas del tiempo (mapas sinópticos) a determinar los cambios de las variables atmosféricas según los resultados de ecuaciones matemáticas complejas. Richardson tardó varios meses en completar los cálculos necesarios para obtener los resultados de un pronóstico meteorológico de solo 24 horas, con errores difíciles de aceptar para un pronóstico actual. Sin embargo, sentó las bases de esta metodología de pronóstico del tiempo. Solo fue cuestión de unas décadas para que lo que Richardson tardaba meses en hacer, el ordenador lo hiciera en pocas horas. En 1950, se llevó a cabo en Estados Unidos la primera predicción numérica exitosa, y en 1955 las previsiones numéricas en este país se sistematizaron. Los ordenadores, cada vez más potentes, permitieron hacer modelos matemáticos más ajustados, con mayor resolución espacial y temporal, hasta que, en la actualidad, los potentes ordenadores permiten realizar simulaciones numéricas a escala de metros y minutos.

8. EL PRESENTE DE LA METEOROLOGÍA

El gran desarrollo en la velocidad y capacidad de cálculo que han experimentado los ordenadores en las últimas décadas, sobre todo a partir del último cuarto del pasado siglo xx, junto con la mejora de las telecomunicaciones y de la sensibilidad de los instrumentos electrónicos de medida, han contribuido de manera decisiva en la mejora del conocimiento de la atmósfera y su pronóstico. La llegada de internet supuso un cambio en el trabajo de los meteorólogos, que, hoy en día, tienen acceso en tiempo real a un montón de datos procedentes de las estaciones meteorológicas automáticas, radares, detectores de descargas eléctricas, radiosondajes, imágenes de satélite… Pero, seguramente, el mayor cambio ha sido el aumento en la potencia de cálculo de los ordenadores, que ha permitido una mayor resolución y precisión en el pronóstico del tiempo, y la gran facilidad de acceso a los resultados de los modelos numéricos por parte de los meteorólogos. Las ecuaciones y las leyes físicas de la atmósfera no tienen un resultado único, es necesario resolverlas varias veces para obtener un valor óptimo. La potencia de los ordenadores ha permitido realizar esta multitud de cálculos, así como mejorar la resolución espacial y temporal.

El gran desarrollo de la velocidad de cálculo y capacidad de almacenamiento de los ordenadores, el trabajo en red, las telecomunicaciones y el uso de las redes sociales ha supuesto que cualquier persona, con un móvil, pueda acceder a una gran variedad de productos meteorológicos, algo que hace unos pocos años era impensable. Pero también ha permitido que, en situaciones meteorológicas adversas, Protección Civil pueda enviar alarmas a una comarca determinada y advertir a la población de potenciales riesgos por chubascos u olas de calor. Los pronósticos o *nowcasting*, previsiones por horas o incluso minutos, ya no solo pueden pronosticarse con las herramientas numéricas, sino que, además, puede advertirse a la población a través de avisos personalizados en el móvil.

Por lo que respecta al clima, la potencia de los ordenadores nos ha permitido conocer mejor los escenarios a los que nos enfrentamos por el cambio climático, causado por las emisiones de gases como el CO_2. Ahora las administraciones pueden aplicar políticas orientadas a reducir las emisiones, y fomentar que la industria se esfuerce por desarrollar una tecnología que ayude a la descarbonización.

La IA aplicada a la meteorología es la última novedad en el anàlisis y estudio de la atmosfera. Los algoritmos de IA permiten mejorar el conocimiento de los patrones atmosféricos que generan situaciones meteorológicas concretas de riesgo, como chubascos, olas de calor o de frío, y que, por lo tanto, las predicciones sean cada vez más acertadas, tanto a escala espacial como temporal.

II. La atmósfera

9. EL ENVOLTORIO GASEOSO DE LA TIERRA

La mezcla de gases que rodea la Tierra es lo que se conoce como atmósfera. Aunque no hay una frontera clara con el espacio exterior, se considera que la atmósfera se extiende desde la superficie de la Tierra hasta una altura de unos 1.500 kilómetros.

La atmósfera no es homogénea en toda su dimensión vertical, sino que presenta notables diferencias de temperatura, dinámica y composición de gases a diferentes alturas, lo que permite distinguir varias capas.

La primera es la llamada *troposfera*, que se extiende hasta una altura máxima variable, entre aproximadamente 8 kilómetros en las zonas polares y 18 kilómetros en las ecuatoriales. Es en esta capa donde se producen todos los fenómenos meteorológicos que conocemos y nos afectan, donde se

forman las nubes. Al tratarse de una zona que está en contacto con el suelo, el calentamiento de este se transmite al aire, de manera que se generan movimientos verticales de aire, algo que no se produce en ninguna otra parte de la atmósfera. Este proceso es de gran importancia para la formación de la nubosidad, y, por lo tanto, de las precipitaciones. La temperatura desciende con la altura y alcanza unos −60 °C en su límite superior, en la llamada tropopausa, una pequeña franja de no más de un kilómetro de grosor y que constituye una zona intermedia entre la troposfera y la capa siguiente, la llamada *estratosfera*. En esta última, el aire, como su nombre indica, está estratificado en capas, de manera que los movimientos verticales son prácticamente imposibles, razón por la cual las nubes no pueden llegar más arriba de la tropopausa. Cuando una corriente de aire que forma una nube de tormenta llega a este límite se expande hacia los lados sin cruzarlo, adoptando la típica forma de yunque. La estratosfera se extiende hasta los 50 kilómetros de altura, y aproximadamente hacia los 22 kilómetros se halla la capa de ozono, responsable de la filtración de determinada radiación ultravioleta. En la estratosfera, la temperatura aumenta con la altura, y en su límite superior, en la llamada *estratopausa,* esta es ligeramente inferior a 0 °C. La *mesosfera* es la capa superior a la estratopausa, con una extensión de 80 kilómetros. En ella, la temperatura vuelve a disminuir con la altura y alcanza –100 °C en el límite superior. Las reacciones de ionización que se producen en esta capa impiden que algunas radiaciones solares, que son letales para la vida, lleguen a la superficie terrestre. Por encima de esta capa se halla la llamada *ionosfera*, con una extensión de hasta 800 kilómetros, si bien su frontera es muy difusa. El aire es muy poco denso, y los gases están muy enrarecidos, debido a la ionización constante por la acción de las radiaciones solares. Dicha ionización actúa como filtro de radiaciones que son perjudiciales para la vida, como los rayos gamma o los X. La temperatura se incrementa hasta valores que superan 1.000 °C en su parte superior. Es en esta capa que se forman los fenómenos de las auroras boreales y australes. Finalmente, por encima de ella se halla la *exosfera*, una zona donde el aire tiene una densidad muy baja, y que se extiende hasta confundirse con el espacio exterior, alrededor de 10.000 kilómetros de altura, aproximadamente.

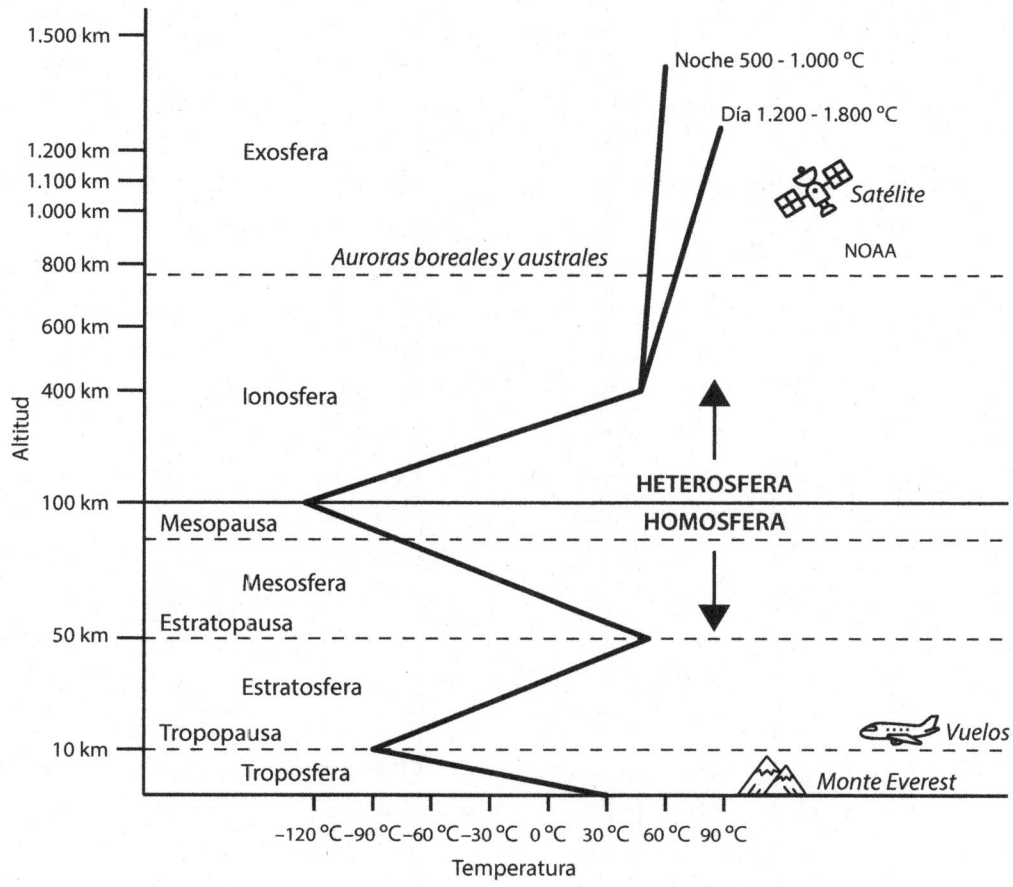

Estructura de la atmósfera terrestre.

FUNCIONES DE LA ATMÓSFERA

La atmósfera está formada por una capa de gases que resulta básica para la vida en nuestro planeta. Sin ella, la vida no sería posible. Son varias las funciones que desarrollan los gases que conforman la atmósfera. Por un lado, nos protegen del impacto de meteoritos. Efectivamente, las partículas extraterrestres que se son atraídas por el campo gravitatorio de la Tierra, al entrar en las partes más altas de la atmósfera, se calientan con rapidez debido al rozamiento con el aire y se subliman, es decir, se transforman en sustancias gaseosas, o bien, en el caso de partículas más grandes, se desmenuzan en pedazos muy pequeños, que, cuando llegan a la superficie terrestre, raramente causan daños. Por otro lado, la capa de ozono de la estratosfera intercepta la mayor parte de la radiación solar nociva, es decir la radiación ultravioleta, y de este modo no afecta a los seres vivos. En la ionosfera se filtran radiaciones que resultan aún más dañinas, como la radiación gamma.

La atmósfera también desempeña un papel fundamental en la variación de la temperatura. Sin atmósfera, las temperaturas en la Tierra serían mucho más extremas. La Luna, que recibe una cantidad de radiación solar similar a nuestro planeta, pero no tiene atmósfera, nos lo ilustra muy bien. De día las temperaturas suben hasta los 120 °C, mientras que por la noche bajan a –160 °C. Incluso de día, en las zonas iluminadas por la radiación solar, la temperatura es muy elevada, mientras que a pocos metros, en las regiones sombrías, la temperatura es de muchos grados bajo cero. En general, sin atmósfera nuestro planeta sería mucho más frío. De los 15 °C de temperatura media global, se pasaría a unos

−18 °C. Este hecho se debe al efecto invernadero natural, como explicaremos más adelante.

El ciclo del agua es un proceso fundamental para la vida, parte del cual se produce en la atmósfera, en la troposfera, donde las corrientes verticales del aire permiten la formación de las nubes. Asimismo, el aire de la troposfera contiene oxígeno y dióxido de carbono, dos gases que, por distintas razones, son fundamentales para la vida. Por un lado, solo unas pocas especies de bacterias son capaces de sobrevivir sin oxígeno, el resto de los seres vivos necesitan este gas para respirar. Por otro, los vegetales y las algas hacen el proceso fotosintético a partir del dióxido de carbono atmosférico o disuelto en el agua. Sin este gas, su supervivencia sería imposible. El resto de seres vivos, a pesar de no realizar la fotosíntesis, también dependemos más o menos indirectamente de este proceso.

LA TROPOSFERA, EL PUNTO DE MIRA DEL METEORÓLOGO Y DEL CLIMATÓLOGO

La diversidad de fenómenos meteorológicos que observamos desde la superficie de la Tierra son causados por el movimiento continuo de la mezcla de gases de la troposfera, una capa extraordinariamente delgada de poco más de 10 km si la comparamos con el grosor de la atmósfera, que es de unos 1.500 kilómetros. El aire que, desde el suelo, asciende por la troposfera puede llegar hasta la tropopausa, pero difícilmente alcanzará la estratosfera, por la inversión térmica que genera la capa de ozono. Las nubes más altas se encuentran en la parte superior de la troposfera, a no más de 15-18 kilómetros de altura.

10. COMPOSICIÓN DEL AIRE

Los gases que conforman la atmósfera, lo que popularmente se llama *aire*, no son uniformes, sino que su composición varía según la altitud. Así, la composición es prácticamente constante hasta los primeros 100 kilómetros, cuyos gases principales son el nitrógeno (78 %), el oxígeno (21 %) y el argón (0,9 %), los cuales conforman más del 99 % del aire. Otros gases como el dióxido de carbono, el neón, el helio, el hidrógeno o el metano son los que se conocen como los gases traza, ya que se encuentran en una proporción muy baja. Este primer centenar de kilómetros, donde la composición del aire es homogénea, se llama *homosfera*. A partir de los 100 kilómetros de altura, la atmósfera se compone de varias capas formadas por un único gas (como el oxígeno, el nitrógeno atómico o el helio), razón por la cual se llama *heterosfera*. Así, por ejemplo, en la base de la heterosfera se sitúa el nitrógeno molecular, a los 500 kilómetros el oxígeno atómico, hacia los 1.000 kilómetros el helio atómico y, por encima, el hidrógeno molecular.

Elementos	Concentración	Variabilidad
Nitrógeno	78 %	Fijo
Oxígeno	21 %	Fijo
Argón	0,93 %	Fijo
Vapor de agua	0-4 %	Ascensos
Dióxido de carbono	426 ppm	Ascensos
Neón	18 ppm	Fijo
Helio	5 ppm	Fijo
Metano	2 ppm	Ascensos
Hidrógeno	0,5 ppm	Fijo
Ozono	0,02 ppm	Ascensos
TOTAL	**100 %**	

Composición química del aire hasta los 100 kilómetros.

En general, cuando se habla de la composición química del aire se hace referencia a un aire limpio y sin nubes, por lo tanto, a un aire irreal. A esta composición fija, hay que añadir la de los gases y partículas contaminantes, que proceden de la actividad antrópica y de fenómenos naturales como las erupciones volcánicas, los aerosoles (partículas en suspensión, como por ejemplo el polen, la sal marina, el polvo, el vapor de agua…) y las nubes, formadas por gotitas de agua o cristales de hielo muy pequeños. Todos estos gases y partículas se encuentran en la atmósfera en una proporción variable, es decir, cambian de proporción según la época del año, la hora del día y la latitud geográfica, entre otros factores.

11. EL PESO DEL AIRE: VEINTE VACAS POR METRO CUADRADO

Como hemos visto, el aire de la atmósfera está formado por moléculas de gases, principalmente de nitrógeno y oxígeno. Aunque las moléculas de los gases que rodean la Tierra tienen una masa ínfima, el conjunto de gases que se extiende hasta 1.500 kilómetros de altitud constituye la masa total de la atmósfera, que es de aproximadamente 10^{18} kilogramos, un valor que es un millón de veces inferior a la masa de la Tierra, que es de cerca de 10^{24} kilogramos. Estos gases son atraídos por la gravedad, de manera que ejercen una fuerza sobre la superficie terrestre, que es lo que se denomina *presión atmosférica*. Imaginemos un cuadrado de un metro de lado dibujado sobre el suelo, sobre el patio de una escuela o sobre la arena de la playa. Sobre esta superficie de un metro cuadrado hay una columna de aire que se extiende centenares de kilómetros. El peso de esta columna de aire sobre el metro cuadrado es la presión atmosférica.

El valor de la presión atmosférica varía de un lugar a otro y de un momento del día a otro, debido a la misma dinámica atmosférica y a la forma esférica de nuestro planeta, como veremos más adelante. A nivel del mar, sin embargo, en una jornada que no haga ni buen ni mal tiempo, tiene un valor que se asume como el valor normal de la presión atmosférica. Este valor es de 1.013 hPa. En física, según el sistema internacional, la presión se expresa con la unidad llamada *pascal* (Pa). Un pascal es la unidad de fuerza, el newton (N) sobre una superficie de un metro cuadrado. Así, un pascal es un newton por metro cuadrado.

Sobre cada metro cuadrado de superficie situada en el suelo, la columna de aire ejerce, por lo tanto, una fuerza de 101.300 newtons (el prefijo *hecto* significa 100, por lo tanto, 1.013 hPa son 101.300 Pa). Para ser conscientes de la intensidad de esta fuerza, puede compararse con la fuerza que una vaca de 500 kg ejercería si la situáramos sobre un metro cuadrado de superficie. El peso de este animal sería de unos 5.000 N, repartidos sobre un metro cuadrado, por lo tanto, 5.000 Pa. Harían falta unas 20 vacas, una sobre la otra, para que la presión sobre un metro cuadrado de superficie tuviera un valor comparable al de la columna de aire de la atmósfera, es decir, unos 100.000 Pa.

Vivimos en el fondo de un inmenso océano de aire que nos comprime con una fuerza enorme. Si no quedamos aplastados es porque vivimos adaptados a estas condiciones de presión extrema desde los inicios de la aparición de la vida en la Tierra. Pero cuando nos alejamos de la superficie, por ejemplo cuando subimos una cordillera elevada, la columna de aire sobre nuestro disminuye, y percibimos pequeños cambios de la presión en nuestros oídos. Y en los casos más extremos, cuando los astronautas abandonan la Tierra y salen al espacio exterior, deben ir protegidos con unas escafandras que les mantienen la presión del aire alrededor del cuerpo como la de la superficie terrestre; en caso contrario, literalmente estallarían.

Como hemos explicado en el capítulo anterior, la primera persona que demostró la existencia de la presión del aire fue Evangelista Torricelli, en 1643. En su conocido experimento, determinó que la presión normal a nivel del mar era de 760 mmHg, valor equivalente a 1.013 hPa, que también puede llamarse 1 atmósfera (1 atm).

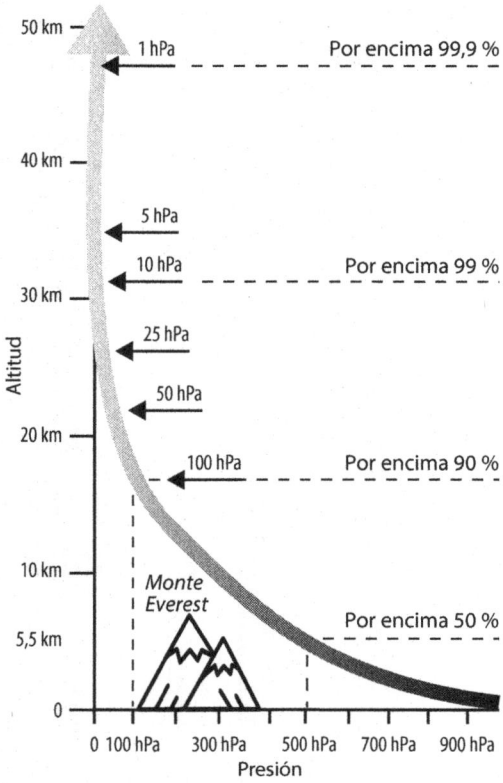

La presión atmosférica y la densidad del aire decrecen exponencialmente con la altura. Los primeros 5,5 km contienen el 50 % de la masa de la atmósfera; los primeros 31 km, el 99 %.

CAMBIOS EN LA PRESIÓN ATMOSFÉRICA

La presión atmosférica es el parámetro atmosférico más importante en meteorología. Los cambios de presión en una superficie horizontal son la causa del movimiento horizontal del aire, es decir, de la formación del viento. En los mapas del tiempo se dibujan con líneas los puntos que tienen la misma presión atmosférica. Son las líneas isóbaras. Más adelante veremos por qué hay diferentes valores de presión atmosférica en superficie.

Los cambios de presión en una superficie vertical son los responsables de que el aire pueda ascender verticalmente y que puedan formarse nubes y tormentas.

12. RADIACIÓN SOLAR Y RADIACIÓN TERRESTRE: BALANCE ENERGÉTICO DE LA ATMÓSFERA

La atmósfera recibe continuamente la energía proveniente del Sol. Del total de energía que envía este astro hacia el espacio, la Tierra solo intercepta dos mil millonésimas partes, dada la distancia a la que se halla del Sol, unos 150 millones de kilómetros, y las pequeñas dimensiones de este planeta. La energía solar que llega a una superficie perpendicular a los rayos solares en la parte superior de la atmósfera terrestre, a 1.500 kilómetros de altitud, tiene un valor medio de 1.368 watts por metro cuadrado ($1.368 \, W/m^2$). Se la conoce como la constante solar de la Tierra, aunque no es una constante propiamente dicha, porque la energía que recibimos del Sol varía según sean las escalas temporales, y porque tampoco la actividad solar es siempre la misma, ya que este astro sigue ciclos con pequeñas variaciones al alza y a la baja de la cantidad de energía que emite.

La radiación solar que incide en una determinada superficie del planeta depende de muchos factores, sobre todo de la latitud, pero también de otros, como la naturaleza de la superficie receptora, la presencia de océanos, la estación del año, la nubosidad… El factor latitudinal, sin embargo, es en general el más importante. La inclinación del eje de rotación de la Tierra respecto al plano de la eclíptica y el movimiento de traslación alrededor del Sol determinan que la energía incidente en la Tierra no sea homogénea en todo el planeta. Así, las regiones polares y subpolares, por encima de los 55º de latitud, reciben poca radiación solar a lo largo del año, incluso en verano, con muchas horas de sol durante unos meses. Los rayos solares que llegan lo hacen de forma muy oblicua, y, por lo tanto, con poca energía, de manera que, de promedio, no aportan más de 125 W/m².

En las regiones medias, más templadas, entre los 35º y los 55º de latitud, los valores de radiación incidente registran fluctuaciones importantes según la estación del año. De promedio, sin embargo, la radiación incidente anual oscila entre 120 W/m², en las latitud cercanas a los 55º, y 240 W/m² más hacia los trópicos. En las regiones subtropicales, entre los 25º y 35º de latitud, la energía solar incidente es elevada. El Sol siempre está alto sobre el horizonte, y los bajos niveles de humedad y de nubosidad ayudan a que sea la zona del planeta con más energía incidente, hasta 280 W/m² de media. En las regiones tropicales, entre los 10° y 25° de latitud, se producen muchas variaciones de la radiación debido a la importante y diversa nubosidad que existe. Los valores de radiación solar oscilan entre 180 y 220 W/m². Finalmente, en las zonas ecuatoriales, entre los 10° de latitud sur y 10° norte, la fuerte radiación solar durante todo el año se ve contrarrestada

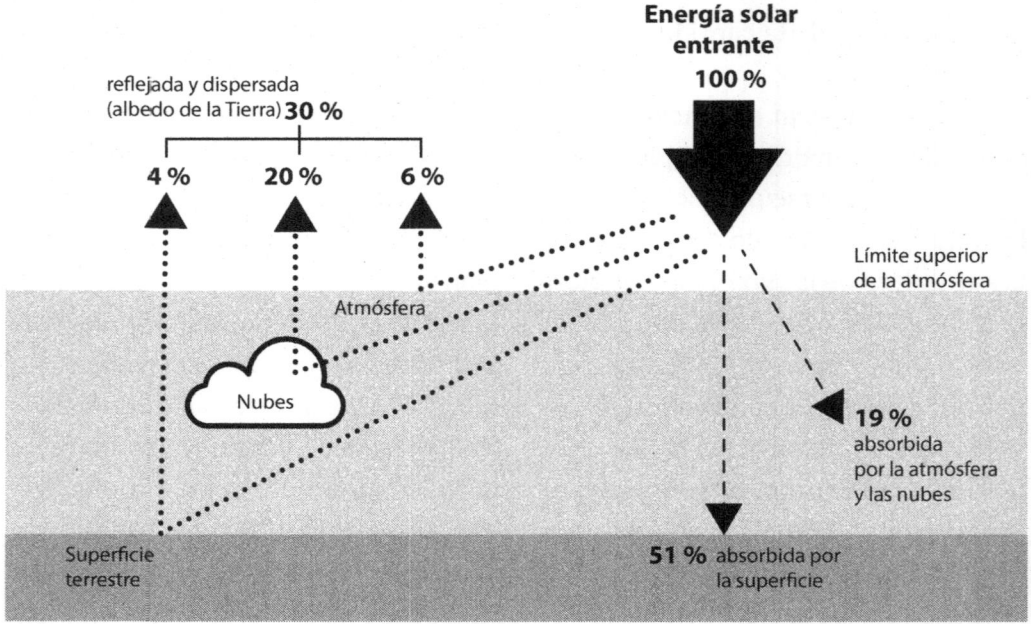

Balance energético de la energía solar incidente en la Tierra.

por la existencia de la nubosidad, que genera mucha radiación difusa. La media anual se sitúa cerca de 190 W/m^2.

Este variada distribución de la energía procedente del Sol en todo el planeta es, como veremos más adelante, la causa del movimiento de las masas de aire en la Tierra.

EL ALBEDO DE LA TIERRA

A pesar de recibir de forma más o menos constante energía procedente del Sol, nuestro planeta no se calienta ni se enfría, se mantiene térmicamente constante a una temperatura media de unos 15 °C. Así pues, hay un balance entre la energía que recibe del Sol y la que emiten la atmósfera y la Tierra. El balance energético final es nulo, consecuencia de un conjunto de complejos procesos de intercambio energético en los que la atmósfera terrestre desempeña un papel clave.

De forma global, si llegan 100 unidades de energía solar a la cima de la atmósfera, 30 unidades son reflejadas directamente por la atmósfera, valor que se conoce como *albedo planetario*. Este 30 % se distribuye de la siguiente manera: 20 % de forma directa por las nubes, 4 % por la superficie planetaria y 6 % dispersada por la atmósfera y devuelta posteriormente. Por lo tanto, las nubes contribuyen de una forma muy importante a la temperatura de equilibrio de la Tierra. Una mayor presencia de nubes implica un aumento del albedo y, por lo tanto, que llegue menos energía a la superficie terrestre. Esto conllevaría un enfriamiento del planeta.

13. ALTAS Y BAJAS PRESIONES: ANTICICLONES Y DEPRESIONES

La presión normal en la superficie terrestre, en un día ni de mal ni de buen tiempo, es de 1.013 hPa. La forma aproximadamente esférica de la Tierra provoca que la energía del Sol que incide en la superficie terrestre no sea la misma, lo que genera algunas zonas donde la presión es superior a la normal y otras donde es inferior. Más adelante, profundizaremos en esta causa de la existencia de altas y bajas presiones en diversas partes del planeta. De momento, sin embargo, analicemos qué diferencia una alta de una baja presión.

LAS DEPRESIONES

Las zonas del planeta donde la presión atmosférica en superficie es inferior a 1.013 hPa se denominan *zonas de baja presión*, o depresión, y se indican de forma genérica con una B. Las depresiones están asociadas a un tiempo inseguro, lluvias, viento e inestabilidad atmosférica en general. El aire converge en superficie, es decir, que se desplaza hacia el centro de la baja presión, y luego se eleva, para divergir en la parte superior de la troposfera. El movimiento de ascenso del aire en el seno de una depresión es uno de los mecanismos de la naturaleza para generar nubosidad. El ascenso de este aire, con un cierto grado de humedad, conlleva un enfriamiento, y por lo tanto una condensación del vapor que lleva asociado. Cuanta más humedad haya de origen del aire ascendente, menor será la altura a partir de la cual se formará la nubosidad. Cuanta menos temperatura tenga el aire de las capas medias y altas de la troposfera, las nubes provocadas por el ascenso del aire en el seno de la depresión serán de mayor extensión vertical y, por lo tanto, mayor cantidad de precipitación podrán dejar caer. En la parte superior de la depresión, al límite de la troposfera, el aire, prácticamente ya sin humedad, se aleja, es decir, se separa del centro de la depresión.

Las depresiones tienen una extensión variable que oscila desde unos pocos centenares de kilómetros hasta cerca de 4.000. Su presión atmosférica en el centro también es variable, siempre inferior a 1.013 hPa y superior a 940 hPa, aunque en octubre de 1979, en el océano Pacífico, se detectó una depresión con una presión en el centro de 870 hPa, la más baja jamás registrada. Sin embargo, las presiones más bajas asociadas a las depresiones no suelen ser inferiores a 950 hPa. Como veremos más

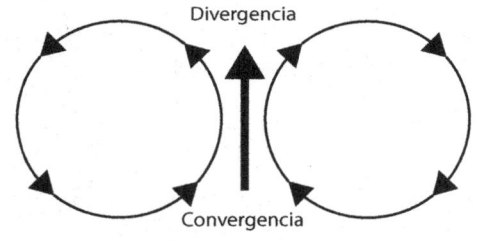

B

Perfil de una baja presión.

adelante, las borrascas que afectan a las latitudes medias de la Tierra, y por lo tanto a nuestra área geográfica, se forman como consecuencia de la confrontación entre masas de aire cálido de origen subtropical y masas de aire frío polar. Cuando estas masas de aire entran en contacto, el aire cálido y húmedo subtropical asciende por encima del frío polar y se forma la borrasca. En este proceso, las dos masas de aire empiezan a girar, en sentido contrario a las agujas de un reloj en el hemisferio norte y al revés en el hemisferio sur, debido a la acción de la fuerza de Coriolis (fuerza causada por la rotación de la Tierra, ya que aparece siempre que una partícula se desplaza en un sistema en rotación. En el hemisferio norte la desvía siempre hacia la derecha de su trayectoria, mientras que en el hemisferio sur lo hace a la izquierda). Se forma entonces un centro de bajas presiones en superficie.

La actividad de las depresiones depende en gran medida de su extensión vertical. En el proceso de formación de las bajas presiones, la extensión vertical que alcanza la depresión es un parámetro importante. Como hemos visto, el aire converge en superficies y asciende en el seno de la depresión, formando nubes. En determinadas ocasiones, estas depresiones se muestran poco activas en superficie, con presiones ligeramente inferiores a 1.013 hPa, pero, en cambio, son más profundas en altura. En estos casos se habla de un embolsamiento de aire frío en altura, también conocido como *gota fría*. Si un flujo de viento relativamente cálido y húmedo se ve obligado a ascender cuando topa con un sistema montañoso, y se encuentra aire frío en altura, se produce la formación de grandes nubes tormentosas, que conllevan lluvias torrenciales. La detección de estas depresiones, más acusadas en altura que en superficie, se lleva a cabo mediante el análisis de los llamados *mapas de altura*, sobre todo el de 500 hPa, aproximadamente 5.500 m de altitud (el llamado *nivel de divergencia nula*), pero también en determinadas ocasiones el de 300 hPa.

LOS ANTICICLONES

En las regiones donde la presión atmosférica en superficie es superior a 1.013 hPa se dice que hay altas presiones o un anticiclón. Los anticiclones son estructuras dinámicas complementarias a las depresiones que estabilizan la atmósfera, impidiendo el movimiento ascendente del aire, ya que en el centro de estas estructuras el aire desciende lentamente. A diferencia de las depresiones, rápidas en el movimiento y con un gradiente bárico marcado en su centro, los anticiclones presentan un movimiento más lento, una persistencia mayor sobre una área determinada, en cuyo centro el gradiente de presión es débil, de manera que los vientos son prácticamente encalmados y, en todo caso, se impone un régimen de vientos locales.

A pesar de la estabilización de la atmósfera, tan propia de los anticiclones, el tiempo atmosférico que llevan asociado es variable, según sean la época del año y el área geográfica en que se sitúen. La razón es el lento descenso de aire de las capas altas de la troposfera hacia la superficie terrestre, a razón de hasta un kilómetro diario, un fenómeno que se

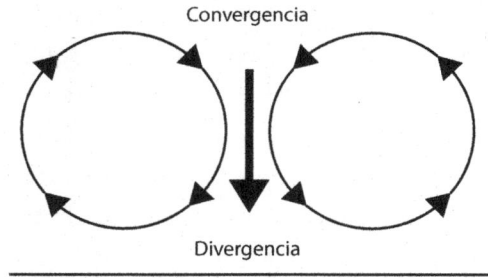

Esquema del perfil de un anticiclón.

conoce como *subsidencia*, que provoca el aumento de su presión y temperatura e impide el ascenso de aire que conllevaría la formación de nubosidad y precipitaciones. El aire, al llegar a la superficie del terreno, tiene tendencia a divergir de la parte central de las zonas de altas presiones. En la época estival, los anticiclones van asociados a un tiempo soleado, sin nubosidad importante, y ausencia de precipitaciones y de viento: estos últimos son exclusivamente de carácter local, como es el caso del sistema de brisas costeras, que aparece precisamente en situaciones de estabilidad atmosférica. En invierno, en cambio, la subsidencia implica la acumulación de aire frío en los valles y hondonadas, con la condensación del vapor de agua atmosférico y la formación de nieblas y neblinas, persistentes durante el día y la noche según la intensidad del anticiclón.

Existen algunos anticiclones que son distintos en lo que a su formación se refiere, más propios de áreas continentales extensas durante los meses invernales, que se producen debido al intenso enfriamiento superficial que provoca una capa de aire denso y muy frío en la parte inferior de la troposfera. En este caso, los anticiclones, llamados *térmicos*, no tienen reflejo en altura, como ocurre en el caso de los dinámicos, que hemos descrito anteriormente.

En las áreas geográficas de latitudes medias-bajas, los anticiclones que se forman hacia los 30° de latitud son los que estabilizan el tiempo durante

Esquema del perfil de la circulación entre un anticiclón y una depresión.

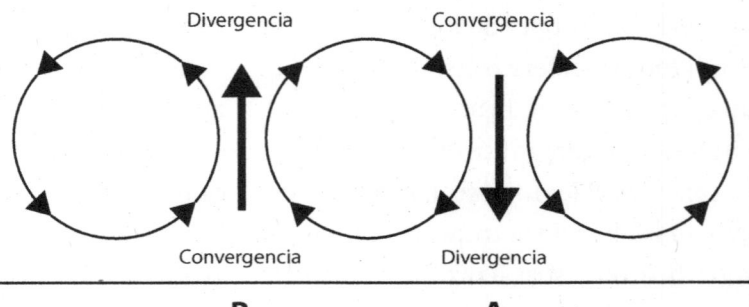

semanas, especialmente durante el verano. El principal de todos ellos es el popular anticiclón de las Azores, que, al subir de latitud sobre todo en época estival, estabiliza la atmósfera durante semanas.

ANTICICLONES Y DEPRESIONES: MATRIMONIOS BIEN AVENIDOS

Los sistemas de alta y baja presión, los anticiclones y las depresiones, no actúan de forma individual, sino que estos centros de acción están relacionados entre sí. En efecto, la presión en el centro de los anticiclones es más elevada, en superficie y a una misma altitud, que la del entorno, y aún más que respecto a los centros de baja presión relativamente cercanos. Por ello, el aire en superficie diverge de las zonas de alta presión y converge hacia las zonas de baja presión. Por lo tanto, el aire situado en los centros de alta presión tenderá a desplazarse hacia los centros de baja presión. En este desplazamiento, la fuerza de Coriolis crea una desviación del viento, provocando que en las depresiones el aire gire en sentido antihorario en el hemisferio norte, mientras que el aire divergente de las áreas de alta presión gire en sentido de las agujas del reloj alrededor de los anticiclones. En el hemisferio sur esta desviación es en sentido contrario, de manera que alrededor de las depresiones el aire gira en sentido horario, y antihorario alrededor de los anticiclones.

14. LA DISTRIBUCIÓN DE PRESIONES A LA TIERRA

Si tuviéramos que resumir cómo es el clima de la Tierra, de forma genérica, podríamos decir que hay dos franjas lluviosas que corresponden a las zonas donde la presión es baja: la zona del ecuador y la de 60° de latitud. Y dos zonas donde llueve muy poco, y que corresponden a aquellas en donde la presión es alta: la zona de 30° de latitud y los polos. De hecho, esto es así porque la Tierra es más bien esférica, y recibe una cantidad muy diferente de energía entre el ecuador y los polos. Veámoslo.

El ángulo de incidencia de los rayos solares varía según la latitud y, como consecuencia, también la energía que aportan. En el ecuador, los rayos solares son perpendiculares al suelo, mientras que en los polos los rayos llegan muy bajos, lo que provoca que el aire en el ecuador sea más cálido que en los polos. La gran energía solar que llega a las zonas ecuatoriales durante todo el año calienta duramente el suelo, y este transmite el calor al aire, de manera que se genera una fuerte convección y se forma en superficie una zona de baja presión que rodea el planeta alrededor del ecuador. Es lo que se conoce como *cinturón de bajas presiones ecuatoriales*.

Fue el astrónomo Edmond Halley (1656-1742) el primero en plantear una circulación global en el planeta, argumentando la hipótesis de «el efecto chimenea» ecuatorial. El ascenso del aire húmedo y cálido del ecuador forma nubes y precipitaciones diarias, lo que provoca que en esta zona predominen las grandes selvas del planeta. El ascenso del aire cálido ecuatorial deja un vacío relativo, que es rellenado por el aire más fresco de las latitudes

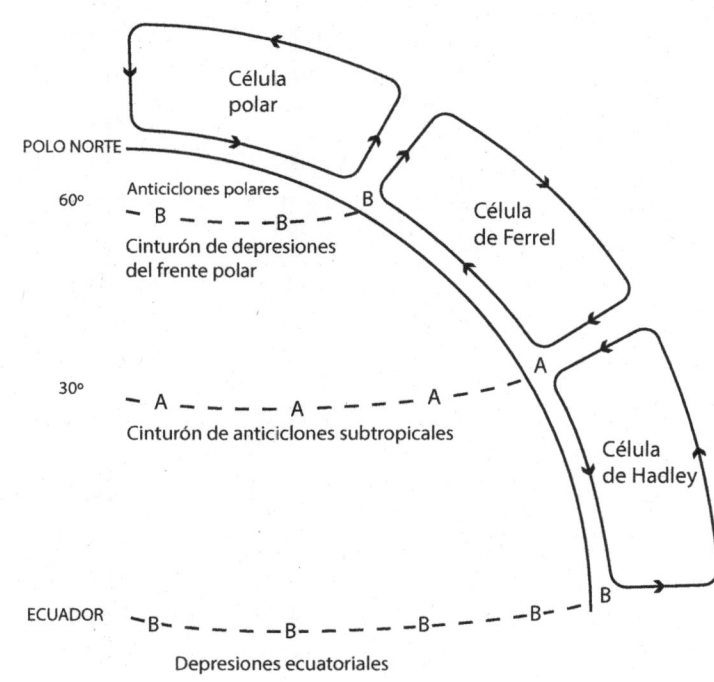

*Posición media
de las tres células
de la circulación
general de la
atmósfera, y
la distribución
de las altas y
bajas presiones*

Célula
polar

POLO NORTE

Anticiclones polares

60°

B — — — — —B— —   B

Cinturón de depresiones
del frente polar

Célula
de Ferrel

A

30°

— A — — — — A — — — A

Cinturón de anticiclones subtropicales

Célula
de Hadley

B

ECUADOR   —B— — — — —B— — — — —B— — — —B—

Depresiones ecuatoriales

superiores de los hemisferios norte y sur. El ascenso del aire a través de la «chimenea ecuatorial» llega hasta el límite de la troposfera, a unos 15-18 kilómetros de altura, una zona donde no puede seguir ascendiendo porque se encuentra con la estratosfera, por lo que se ve obligado a desplazarse hacia los lados, en dirección hacia los polos norte y sur. En este recorrido hacia los polos se va enfriando, y debido a la rotación de la Tierra y a la existencia de la fuerza de Coriolis, hacia los 30° de latitud, tanto norte como sur, el aire, ya más frío, desciende, desde unos 14-15 kilómetros hasta la superficie, y genera un aumento de la presión atmosférica y un incremento de la temperatura en la superficie a estas latitudes. Este lento descenso del aire impide la formación de nubosidad y hace que el tiempo sea soleado casi de forma permanente. En estas latitudes se sitúan los grandes desiertos de la Tierra, donde, el llamado cinturón de anticiclones, rodea el planeta, y la atmósfera es muy estable.

Una vez que el aire llega a la superficie de los 30° de latitud, una parte se desplaza hacia el ecuador y forma un ciclo cerrado o célula, entre los 0° y los 30° de latitud, llamada *célula de Hadley*, mientras que la otra parte se desplaza hacia los polos. Cuando llega aproximadamente a los 60° de latitud se encuentra con la masa de aire polar, más fría, que desciende del polo. El choque entre las dos masas de aire provoca un ascenso del aire relativamente cálido por encima del polar, de manera que en estas latitudes asciende aire relativamente cálido y húmedo, formándose así, nubosidades y precipitaciones. Esta succión vertical, similar a la del ecuador, provoca la formación de un cinturón de baja presión en torno a los 60° de latitud. Cuando el aire llega a la tropopausa, situada a unos 10-12 kilómetros de altitud, una parte de esta masa de aire se desplaza hacia los trópicos, la cual al llegar a los 30° de latitud desciende de nuevo. De esta forma, entre los 30° y 60° de latitud, tanto norte como sur, se establece una segunda célula de circulación, llamada *célula de Ferrel*.

Una segunda parte de esta masa de aire que ha ascendido se desplaza hacia los polos. En su desplazamiento en altura se va enfriando, y al llegar a los 90° de latitud, desciende. Una vez sobre la superficie de los polos, esta masa de aire polar fría se desplaza hacia los 60°, donde entra en contacto de nuevo con la masa más cálida, que se desplaza superficialmente desde los 30° de latitud, y de esta manera se cierra una circulación entre los 60° y los 90° de latitud. Esta es la tercera célula de la circulación general de la atmósfera, la llamada *célula polar*. En estas regiones, pues, dominan también las altas presiones, ya que el cierre de la célula polar provoca que el aire descienda sobre los polos e impida la formación de nubosidad y precipitaciones. En los polos, estas son muy escasas, comparables a las de los desiertos.

15. LA CGA: LOS GRANDES VIENTOS DE LA TIERRA

El movimiento del aire a escala planetaria está relacionado con la distribución de la presión alrededor de la Tierra, en las franjas de anticiclones y depresiones que hemos mencionado con anterioridad. El aire de las zonas anticiclónicas está sometido a una presión atmosférica más elevada que el aire de las zonas de alrededor, y por lo tanto se desplaza hacia las zonas donde la presión es baja. Es decir, el aire surge de las altas presiones (A) hacia las zonas de baja presión (B). El aire sobre los trópicos, hacia los 30° de latitud norte y sur, donde rige la alta presión, inicia un movimiento hacia las zonas de baja presión, situadas en el ecuador y a 60° de latitud. Y el aire del polo se desplaza hacia la franja de baja presión situada a 60° de latitud. En el hemisferio norte esta fuerza desvía el aire hacia la derecha de su movimiento, y hacia la izquierda en el hemisferio sur. Por ello, a medida que el aire se desplaza de las zonas A a las B, se desvía hacia el este o el oeste, formando los vientos dominantes del este o del oeste en diferentes franjas latitudinales.

Centrémonos en el hemisferio norte, situémonos en el polo norte. Allí domina la alta presión. La fuerza de la presión desplaza el aire hacia el sur, hacia las bajas presiones, situadas en los 60° de latitud. Pero a medida que avanza, la fuerza de Coriolis lo desvía hacia la derecha de su dirección, es decir, el aire adquiere un componente dominante del noreste. Los vientos dominantes entre el polo norte y los 60° son los llamados vientos polares del este. Cuando llegan a esta latitud, aproximadamente, convergen con el aire que proviene del sur, de los 30° de latitud, donde se encuentra la otra región de la Tierra donde prevalecen las zonas de alta presión. El aire situado sobre esta latitud tiende a desplazarse hacia las bajas presiones del norte (de los 60° de latitud) y hacia el ecuador.

El aire que se desplaza desde los 30° hacia los 60° es desviado hacia el este, es decir, el aire adquiere un dominio del suroeste. Los vientos entre los 30° y 60° son predominantes del oeste y son los llamados *westerlies*. En cambio, los que se dirigen desde los 30° hacia el ecuador son desviados hacia el oeste y, por lo tanto, son vientos de componente noreste, también conocidos con el nombre de *alisios*. En ecuador convergen con el viento que proviene de la zona de altas presiones situadas a -30° de latitud. El aire, en este caso, es desviado hacia la izquierda de su movimiento cuando se desplaza hacia el ecuador (porque la fuerza de Coriolis en el hemisferio sur actúa en sentido contrario en el hemisferio norte). Esto hace que el viento dominante entre -30° de latitud y el ecuador sea de componente sureste. La zona alrededor del ecuador donde convergen los vientos del noreste del hemisferio norte con los del sureste del hemisferio sur se denomina *zona de convergencia intertropical*, y está asociada a las depresiones ecuatoriales. En ella domina la calma en superficie. Todo el aire se encuentra en ascenso vertical.

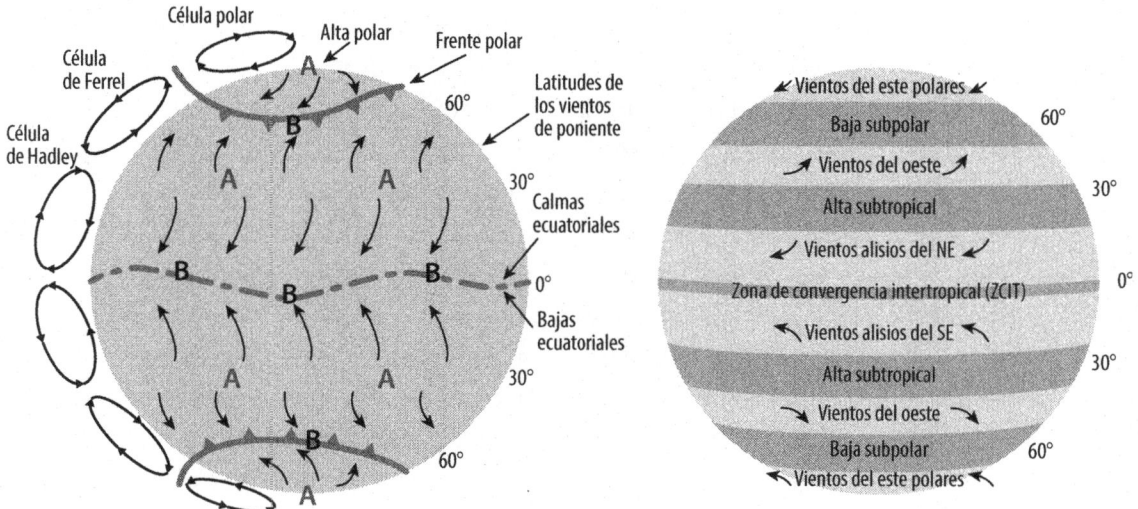

Los grandes vientos de la circulación general atmosférica y su relación con los centros de presión.

16. LOS FRENTES

Al modelo de la circulación general de la atmósfera que acabamos de explicar, debemos añadir la formación de los frentes, un fenómeno fundamental para entender la dinámica atmosférica, sobre todo en las latitudes medias. La existencia de los frentes no se ratificó hasta la década de los años sesenta del pasado siglo xx, con el lanzamiento de los primeros satélites de observación, aunque habían sido descritos teóricamente, a principios del mencionado siglo, por la prestigiosa escuela de Bergen (Noruega), encabezada por Vilhelm Bjerknes, en la llamada *teoría del frente polar*. El descubrimiento del frente polar fue de una importancia capital en el pronóstico meteorológico de las latitudes medias, y dio un impulso definitivo al conocimiento de la meteorología.

La base de la formación de los frentes es la existencia de las masas de aire. El concepto de masa de aire, como hemos dicho, fue desarrollado por la escuela noruega durante la década de los años veinte del pasado siglo xx, como parte fundamental de la teoría del frente polar de Bergeron y Bjerknes. La permanencia durante cierto tiempo (días, semanas) de grandes extensiones de aire sobre determinadas zonas geográficas (tierra o agua), donde la temperatura y la humedad se mantienen prácticamente constantes, provoca que el aire adopte estas características físicas, propias de la zona donde se encuentra, y forme lo que se llama una *masa de aire*, es decir, un volumen de aire de gran extensión, desde un centenar a un millar de kilómetros cuadrados. La estabilidad atmosférica provoca que la humedad y la temperatura del aire se mantengan uniformes hasta varios kilómetros de grosor. Estas zonas estables, donde el aire permanece y adquiere la temperatura y la humedad de la superficie, se denominan *regiones fuente* o simplemente *fuentes*. La baja conductividad del aire, así como la gran extensión de terreno que cubre, garantizan la uniformidad en la temperatura y la humedad.

Las principales masas de aire se forman en las zonas de estabilidad atmosférica, como, por ejemplo, el cinturón de anticiclones subtropicales, donde se desencadenan grandes y potentes anticiclones, y también en las llanuras de Siberia y el norte de Canadá (durante el invierno), en las regiones árticas y antárticas, cuando dominan las altas presiones, o en las zonas continentales de las zonas ecuatoriales y tropicales. Estas masas de aire, una vez formadas, se desplazan de su lugar de origen y afectan a regiones lejanas, como nuestras latitudes, con unas condiciones de temperatura y humedad bien diferentes.

La teoría del frente polar de Vilhelm Bjerknes propuso la existencia de líneas de convergencia de masas de aire cálido, de origen tropical, y de frías, de origen polar, hacia los 60° de latitud norte, donde se forma nubosidad y precipitaciones que acaban afectando a las latitudes medias. Estas líneas de discontinuidad se forman justo donde

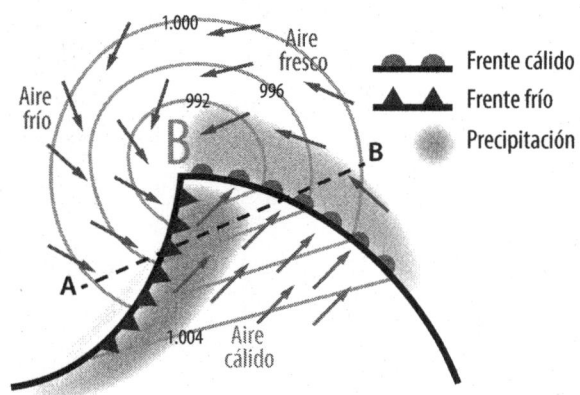

El frente frío y cálido se forman alrededor de una baja presión. Separan masas de aire de diferente temperatura.

Vista de perfil de un frente cálido.
(CC BY-SA 4.0)

convergen la célula polar y de Ferrel, hacia los 60° de latitud. Como hemos señalado, se trata de líneas que separan una masa de aire polar, fría, y una masa de aire tropical, cálida. Como tienen diferente densidad, cuando entran en contacto no se mezclan, sino que forman una línea de discontinuidad más o menos estrecha, que oscila entre unas decenas de kilómetros y algunos pocos centenares, donde se produce un fuerte gradiente de temperatura que actúa como frontera entre las dos masas de aire. Estas franjas de contacto se conocen como los llamados *frentes*. En ellos, una masa de aire avanza contra la otra: o bien la cálida impulsa la fría, o la fría impulsa la cálida, y avanzan lenta pero progresivamente, como lo hacían los frentes de soldados durante la Primera Guerra Mundial, razón por la cual, en 1922, y con el recuerdo muy presente de este conflicto bélico, Bjerknes propuso el nombre de *frente* para definir estas estructuras meteorológicas.

El contacto entre masas de aire asociadas a los frentes provoca que el aire de la masa cálida ascienda sobre el aire de la masa fría y forme nubes y precipitaciones. Cuando el aire frío avanza e impulsa al cálido se habla de frente frío; cuando es el cálido el que impulsa el frío, se habla de frente cálido.

EL FRENTE CÁLIDO

En el frente cálido, la masa cálida tropical impulsa la masa de aire frío, y al mismo tiempo el aire cálido asciende por

Perfil de un frente frío.
(CC BY-SA 4.0)

encima del frío a medida que lo va impulsando. Este ascenso lento y progresivo del aire cálido sobre el frío se produce en una distancia que puede llegar a un millar de kilómetros, y el aire puede alcanzar los 8 o 9 kilómetros de altura y formar una variedad de nubes altas, medias y bajas. La intersección de las superficies frontales cálidas con el terreno se representa en los mapas del tiempo con una línea continua, de color rojo y unos semicírculos al lado hacia donde avanza el frente.

EL FRENTE FRÍO

Cuando es la masa de aire frío la que avanza contra la cálida, se habla de frente frío. En este avance, el aire cálido es obligado a ascender por encima del frío de una forma rápida y repentina, de manera que se forma una superficie frontal bastante más inclinada. Este ascenso violento genera la formación de nubes de gran desarrollo vertical, cúmulos y cumulonimbus, que generalmente acaban desencadenando precipitaciones cuantiosas e intensas, en forma de chubascos y, a menudo, acompañadas de tormentas. En estos frentes, la anchura de la banda de nubosidad oscila entre 50 y 150 kilómetros. En los mapas del tiempo, la proyección de las superficies frontales frías se representa con líneas continuas, de trazo grueso y de color azul, con numerosos pequeños triángulos en dirección hacia donde avanza.

 Evolución de un sistema frontal con un frente cálido y uno frío (en fase inicial), que comienzan a formar un frente ocluido cuando en la fase de madurez el frente frío se fusiona con el cálido. (Dominio público)

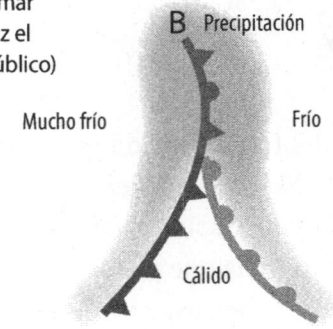

Formación de un frente ocluido en el momento en que un frente frío se fusiona con el frente cálido que lo precede.

FRENTES ASOCIADOS A UNA DEPRESIÓN. EL FRENTE OCLUIDO

El frente frío y el cálido están asociados a una baja presión, y forman un *sistema frontal.* Cuando el frente frío, situado siempre en segundo término y de avance más rápido, se solapa con el cálido, se forma un frente ocluido. Esto obliga a la masa de aire del frente cálido a elevarse del suelo, ascender por encima de la masa de aire frío que le llega por detrás. De esta manera desaparece la zona entre los frentes, el *sector cálido*, y permite al aire que precede al frente frío entrar en contacto con el aire relativamente frío que antecedía el frente cálido. Así, se inicia la disipación de la depresión a la que van asociados.

Al tratarse de un solapamiento de dos masas de aire diferentes, el frente ocluido conlleva la formación de nubosidad estratiforme y cumuliforme simultáneamente, que puede producir lluvias constantes y chubascos intensos, de carácter tormentoso, pero siempre con tendencia a la disipación. La proyección en los mapas del tiempo de estos frentes se representa con líneas de trazo grueso, de color violeta, y con la alternancia, en dirección hacia donde avanza, de semicírculos y pequeños triángulos.

17. LAS CORRIENTES EN JET

La forma aproximadamente esférica de la Tierra provoca que entre los polos y el ecuador haya una diferencia de temperatura y presión atmosférica no solo en la superficie, sino también en la parte más alta de la troposfera. Sobre la vertical del ecuador, casi en la tropopausa, la temperatura y la presión del aire son más grandes que las de los polos. Esto produce un gradiente de temperatura y presión entre ambas zonas del planeta que genera movimientos de aire a gran velocidad, debido a la rotación de la Tierra y de dinámicas complejas, los cuales se orientan de oeste a este y, lo más sorprendente, solo de forma concentrada en cinco zonas. Estas cinco corrientes se llaman corrientes en jet, o *jet streams*. Son corrientes de aire muy fuertes y estrechas que rodean la Tierra, y se concentran en un eje casi horizontal siguiendo aproximadamente un paralelo, pero en la alta troposfera, en la frontera con la tropopausa, por encima de los 10 kilómetros de altitud. Se trata de corrientes tubulares con velocidades superiores a 150 km/h sostenidas en el núcleo de la corriente, pero que pueden alcanzar los 300 km/h. La velocidad mengua rápidamente a pocos centenares de metros, de forma lateral y vertical del eje central.

Cuatro de las cinco corrientes en jet que rodean el planeta, generalmente en la fractura entre las células de Ferrel y polar (jet polar), y la de Ferrel y Hadley (jet subtropical), en cada hemisferio, soplan de oeste a este. La corriente en jet ecuatorial, en cambio, aparece en zonas sobre el ecuador, y sopla de este a oeste.

El jet polar, o simplemente *jet stream*, es el que más afecta a nuestras latitudes, ya que se sitúa en torno a los 60° de latitud, a unas altitudes de entre 9 y 12 kilómetros, en la separación entre las células de Ferrel y Hadley. Se trata de una corriente del oeste que normalmente no sigue un paralelo, sino que presenta unas ondulaciones, llamadas ondas *de Rossby*, que provocan que a veces la corriente tome una dirección de norte o de sur, pero siempre con tendencia hacia el oeste. Estas ondulaciones constituyen el motor de la dinámica atmosférica de las latitudes medias y altas del planeta.

En meteorología, la ondulación de la corriente en jet polar tiene una gran importancia, ya que impulsa aire polar hacia las latitudes más bajas. A veces esta ondulación se rompe, lo que provoca un embolsamiento de aire frío en las capas altas de la troposfera, en una zona de aire más cálido. Es lo que se llama *gota fría* o *depresión aislada a niveles altos*, conocida también como DANA. El calentamiento del planeta ha desencadenado dos cambios en la dinámica de los jets polar y subtropical cercanos, que tienen consecuencias en la meteorología de latitudes como la nuestra. El primero, que hay más ondulación de la corriente en jet polar, lo que implica mayor formación de gotas frías que pueden conllevar tiempo severo. Y el segundo, que la corriente subtropical parece que tiene el punto de equilibrio en latitudes más al norte y, por lo tanto, hay un aumento de las entradas de aire cálido del sur, de las regiones subtropicales.

18. ONDAS DE ROSSBY

Los vientos del oeste dominantes en las latitudes medias, tanto en los niveles bajos como en los medios y altos de la troposfera, conducidos por el *jet stream* polar, no soplan estrictamente del oeste, siguiendo los paralelos terrestres, sino que presentan una serie de ondulaciones que globalmente se dirigen hacia el oeste, pero que a menudo, de forma local y regional, pueden tomar otra dirección. Dichas ondulaciones son largas, de miles de kilómetros de anchura, y, por lo tanto, en un momento determinado hay pocas, entre 4 y 6 a lo largo de todo el recorrido de la corriente en jet, según la época del año. Estas ondulaciones son las llamadas ondas *de Rossby*, las cuales se localizan en una franja de pocos centenares de kilómetros de anchura. Su formación está relacionada con la existencia del frente polar. Se desplazan unos 1.500 kilómetros al día, de oeste a este, aunque tanto su número, como la amplitud, presentan cambios más lentos y, por lo tanto, previsibles.

El origen de estas ondas reside en la diferencia térmica que hay entre puntos de distinta latitud geográfica. Junto a las llamadas ondas de Rossby, hay otras más cortas, configuraciones de poca amplitud y gran longitud de onda que se generan en el seno de las de Rossby. La combinación de ambas tiene importantes implicaciones en el tiempo atmosférico, ya que son las responsables de la formación de borrascas y sistemas frontales en las latitudes medias. Las ondas de Rossby y las ondas cortas forman surcos y dorsales en las capas medias y altas de la troposfera. La posición de estas, en el caso de los surcos, es la desencadenante de la inestabilidad atmosférica

Ondulaciones de Rossby asociadas a la corriente en jet subtropical y polar de los dos hemisferios. (Dominio público)

y la precursora de la formación de bajas presiones.

Cuando la corriente polar disminuye por debajo de 150 km/h, el flujo del oeste se ondula y forma meandros, y crea crestas y valles, de manera que deja de ser la circulación zonal y pasa a ser meridiana. Si la velocidad de la corriente polar decrece muy por debajo de esta velocidad, pueden generarse situaciones que se conocen como *de bloqueo*, caracterizadas por la instalación de grandes dorsales en sentido norte-sur que impiden o dificultan el flujo del oeste y estabilizan el tiempo atmosférico.

III. El estudio de la atmósfera

19. LA OBSERVACIÓN METEOROLÓGICA

La observación y medida de parámetros atmosféricos, tanto instrumentales como no, es una actividad fundamental en meteorología. La podemos llevar a cabo como aficionados de esta ciencia y, evidentemente, es también una actividad esencial desde el punto de vista profesional en los observatorios meteorológicos.

Dedicaremos esta primera parte del libro relacionada con la observación meteorológica a explicar el registro de datos, utilizando para ello instrumentos y sensores de medida.

Una primera consideración importante es el lugar donde instalar los aparatos o sensores, algunos de los cuales, como veremos, se ubican en el interior de la caseta meteorológica. Los lugares más adecuados son espacios abiertos poco influenciados por elementos naturales (grandes rocas, árboles, etc.) o humanos (edificios muy cercanos, fuentes de calor, etc.). Los observatorios más importantes registran datos cada 3 horas a partir de las 0 horas; los secundarios, miden a las 7, las 13 y las 18 horas (hora solar).

LA CASETA METEOROLÓGICA

La caseta meteorológica, una estructura de madera pintada de blanco con paredes alistonadas que facilitan la ventilación, protege determinados instrumentos meteorológicos de la radiación solar y las precipitaciones: los termómetros, los higrómetros o psicrómetros y el barómetro, el único instrumento que también puede emplazarse en el interior del observatorio o de la vivienda, siempre que sea un observatorio doméstico. La caseta tiene unos pies que permiten instalarla a un metro

Caseta meteorológica con la puerta abierta para poder leer los datos.

y medio de altura sobre el suelo, y la puerta debe estar orientada al norte, de forma que cuando el observador la abra para anotar la lectura de los instrumentos, el sol no penetre en ella de manera directa.

LAS ESTACIONES METEOROLÓGICAS

Se denomina estación meteorológica a cualquier instalación donde haya aparatos destinados a registrar datos de la atmósfera. Según su tipología, podemos hablar de estaciones manuales y automáticas. El desarrollo de la electrónica y las telecomunicaciones ha sido una de las causas de la proliferación de las estaciones automáticas. Evidentemente, tanto en las estaciones meteorológicas domésticas como en el caso de los observatorios profesionales, coexisten a menudo aparatos de registro manuales y otros electrónicos (automáticos).

20. PARÁMETROS METEOROLÓGICOS Y APARATOS DE MEDIDA

A continuación, hablaremos de los principales parámetros de interés en meteorología y de los aparatos y sensores que se emplean para registrarlos.

LA TEMPERATURA Y LOS TERMÓMETROS

La temperatura es una de las variables meteorológicas más utilizadas. Sin duda, la temperatura del aire es la que más relevancia tiene para la ciencia y, por supuesto, para la ciudadanía.

La magnitud física que indica de forma objetiva el grado de energía calorífica del aire es la temperatura. El termómetro es el instrumento que mide este grado de calor del aire, y consta de una escala graduada que indica los diferentes valores de temperatura. Su funcionamiento se basa en el principio de dilatación térmica, en el que se utiliza una sustancia sensible al cambio de temperatura, como el mercurio, el alcohol o algún gas. Cuando la temperatura del aire aumenta la sustancia que contiene, el termómetro se dilata y sube por el tubo capilar, mientras que si la temperatura disminuye, esta baja por el capilar. El tubo capilar está provisto de una escalera termométrica. La más habitual es la centígrada, en la cual 0 °C indica el punto de fusión del agua y 100 °C el de ebullición.

El termógrafo

El termógrafo es un aparato que registra la temperatura de manera continua. Consiste en una cinta metálica que, a medida que la temperatura aumenta, se dilata, mientras que si esta disminuye, el metal se contrae. Los movimientos de dilatación y contracción de la cinta metálica se transmiten a una pluma, que en una banda de papel, colocada en un tambor giratorio, realiza un gráfico con la evolución de la temperatura a lo largo del tiempo.

Termómetros de máximas y mínimas

Es interesante conocer en un determinado periodo de tiempo, que suele ser de 24 horas, cuál ha sido la temperatura máxima y la mínima del aire. Aunque el termógrafo registra estos datos, el aparato de uso más común para ello es justamente el termómetro de máximas y mínimas.

Hay termómetros específicos de máxima y termómetros de mínima, pero los más utilizados por los aficionados a la meteorología están provistos por un tubo en forma de U, cuyas dos ramas indican la temperatura más alta y más baja respectivamente, mediante unas piezas metálicas situadas en los extremos del mercurio.

Termómetros digitales y sensores electrónicos de temperatura

Los termómetros digitales y los sensores de las estaciones automáticas registran la temperatura gracias a los termistores, unas resistencias que cambian de valor según la temperatura; termopares, unas estructuras con dos metales diferentes que están unidos y generan una pequeña tensión eléctrica cuando se produce una diferencia de temperatura entre ellos, o semiconductores que generan un voltaje proporcional a la temperatura.

LA HUMEDAD DEL AIRE

Como veremos en la parte del libro dedicada a las nubes y fenómenos atmosféricos, el estudio de la presencia de agua en forma de vapor en la atmósfera es de gran importancia en meteorología. El parámetro más utilizado es la humedad relativa.

El concepto de humedad relativa

La humedad relativa es el porcentaje de vapor de agua que hay en el aire con respecto al valor de saturación, que depende de la temperatura a la que esté el aire. A mayor temperatura, más vapor de agua admite el aire. Esta dependencia tan importante con la temperatura provoca que la medida de la humedad no se haga habitualmente en términos absolutos, sino que se exprese con respecto a la máxima cantidad de vapor a una determinada temperatura. Es lo que se denomina *humedad relativa*, y se expresa en un porcentaje: del 100 % en condiciones de saturación, e inferior al 10 % en condiciones de extrema sequedad ambiental. Los

dos aparatos que se usan más habitualmente para medir la humedad relativa son el higrómetro y el psicrómetro.

El higrómetro

El higrómetro contiene un material higroscópico, normalmente pelos humanos o de caballo tensados por los dos extremos. Las variaciones en su longitud causadas por los cambios de humedad ambiental permiten, una vez calibrados correctamente, que la aguja indicadora de este aparato señale el tanto por ciento de humedad relativa existente.

El psicrómetro

Un psicrómetro consta de dos termómetros idénticos. Uno de ellos se conoce como termómetro seco, en contraposición al húmedo, que es igual que el seco pero lleva una gasa impregnada de agua al depósito donde se halla, el

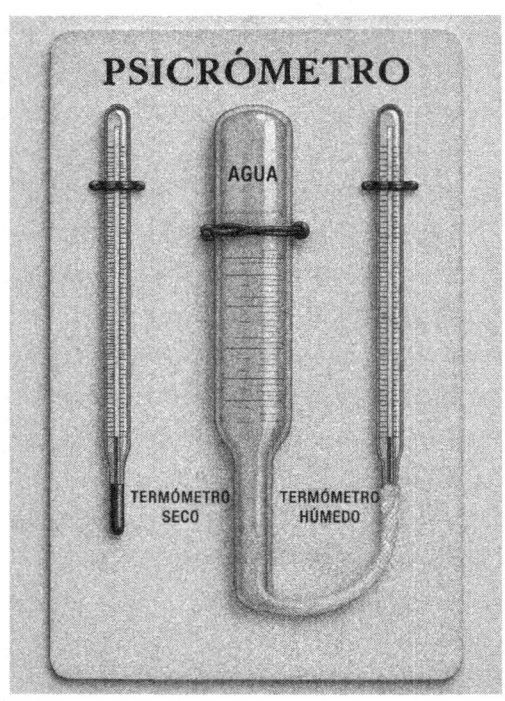

PSICRÓMETRO

AGUA

TERMÓMETRO
SECO

TERMÓMETRO
HÚMEDO

indica el termómetro seco, salvo cuando el aire está saturado de humedad, en que las dos temperaturas, la del termómetro seco y la del húmedo, son iguales, porque no hay evaporación. Entonces la humedad es del 100 %. Cuanta más diferencia haya entre las temperaturas del termómetro seco y la del húmedo, más seco será el aire y más alta la tasa de evaporación del agua en el termómetro húmedo. Estos aparatos llevan incorporada una tabla psicrométrica que permite calcular el tanto por ciento de humedad relativa a partir de la temperatura del termómetro seco y de la diferencia entre la temperatura del seco y la del húmedo.

mercurio. La evaporación del agua que produce esta gasa permanentemente húmeda le quita calor, de forma que la temperatura que indica el termómetro húmedo siempre será inferior a la que

El registro continuo de la humedad relativa

Los termohigrógrafos y los higrógrafos registran con una pluma, a través de un tambor giratorio, los valores de temperatura y humedad relativa, o solo de humedad, de forma continua.

Sensores electrónicos de la humedad relativa

Estos sensores se basan en los cambios de la capacidad de acumular cargas eléctricas o de la resistencia a su paso de materiales que cambian estas características en función de la cantidad de humedad que hay presente en el aire.

LA PRESIÓN ATMOSFÉRICA

El peso de la columna de aire que existe en un determinado punto de la superficie terrestre, o en un determinado nivel de la atmósfera, es el parámetro que se conoce como presión atmosférica. Se trata de un parámetro fundamental en meteorología.

Los barómetros

Los instrumentos que se utilizan para medir la presión atmosférica son los

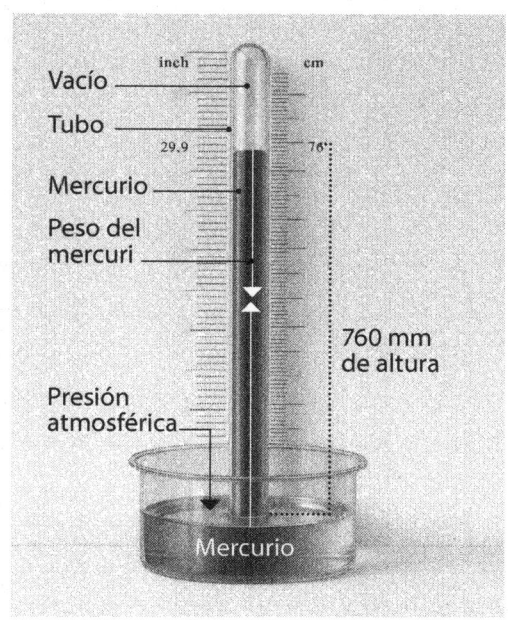

Esquema del funcionamiento de un barómetro de mercurio.

barómetros. Hay dos tipos básicos: por un lado, el barómetro de mercurio, que es el que se utiliza en muchos observatorios meteorológicos. Consiste en un tubo graduado de un metro de longitud, cerrado por el extremo superior y abierto por el inferior, que se halla sumergido en una cubeta de mercurio. En este tubo, la columna de mercurio está a una determinada altura, que se indica en centímetros o milímetros e indica directamente el valor de la presión atmosférica con unidades en cm o mm de mercurio. Esta medida directa es posible porque el peso del mercurio en el interior de la columna está equilibrado con respecto a la presión atmosférica.

Por otro lado, el barómetro aneroide, un instrumento bastante común de uso doméstico. Además de indicar con una aguja el valor de la presión atmosférica, suele prever también el tiempo: lluvioso, variable, soleado, etcétera. Su funcionamiento se basa en la deformación que la presión de la atmósfera ejerce en las paredes de un recipiente perfectamente cerrado, llamado cápsula de Vidi, dentro del cual se ha hecho el vacío. Un resorte elástico interior, calibrado adecuadamente, está conectado a una aguja indicadora exterior. Así, los cambios en el volumen del recipiente permiten indicar el valor y las variaciones de la presión atmosférica.

Barómetros digitales

Los sensores electrónicos de la presión atmosférica se basan en dos mecanismos:

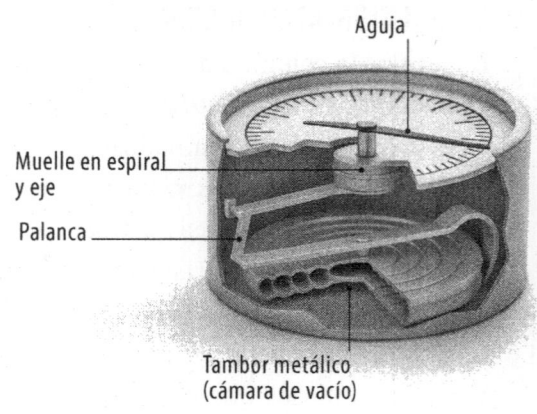

Barómetro aneroide.

1. Cambios en la capacidad o resistencia eléctrica de cristales de silicio sometidos a las oscilaciones de la presión atmosférica.

2. Variaciones de la capacidad eléctrica entre dos placas de metal cuando varía la distancia que las separa debido a la acción de la presión atmosférica.

EL VIENTO

El viento es el movimiento horizontal del aire con respecto a un punto fijo de la superficie terrestre, y se mide a partir de dos magnitudes: la dirección y la velocidad. Los aparatos meteorológicos empleados para esta medida son, respectivamente, la veleta y el anemómetro.

La veleta

La dirección del viento se mide con la veleta, situado generalmente al lado del anemómetro, en lo alto de un mástil de 10 m de altura. Este instrumento consta de una pieza horizontal, que acaba en punta por un extremo, mientras que por el otro se ensancha y termina con una o dos piezas planas. Esta pieza puede girar libremente sobre un eje vertical en el que se halla inserta, de manera que, cuando sopla el viento, se orienta en la dirección que ofrece menos resistencia al aire, es decir, encarando al viento con su extremo puntiagudo. La dirección del viento, por lo tanto, se registra a partir del punto de donde procede el viento, y no hacia adonde va. Por ejemplo, un viento del oeste significa que el viento proviene del oeste y que va hacia el este.

La manera de expresar la dirección del viento de forma precisa es a partir de los ángulos de la rosa de los vientos. Así, un viento del norte equivale a 360°, uno del este a 90°, uno del sur a 180°, y uno del oeste a 270°. Las direcciones intermedias corresponden a una interpolación de estas direcciones básicas. Además, en muchas zonas geográficas, los vientos se designan con nombres tradicionales según su dirección.

El anemómetro

Este aparato mide la velocidad del viento. El más utilizado es el de cazoletas, que consiste en tres brazos horizontales, que forman un ángulo de 120º entre sí, y tienen un mismo centro común, que se halla sobre un eje vertical, de forma que los brazos pueden girar libremente sobre dicho eje. En el extremo de estos brazos se sitúa la llamada cazuela, una semiesfera vacía, que se halla colocada de tal forma que su borde circular queda en un plano vertical. Cuando el viento hace girar las cazuelas, sea por medios mecánicos o electromecánicos, el giro se convierte en una velocidad lineal, que corresponde a la velocidad del viento. Se suele expresar en kilómetros por hora o en metros por segundo, aunque en determinados ámbitos, como en el aeronáutico o el marino, se suele expresar en nudos.

LA INSOLACIÓN Y LA RADIACIÓN SOLAR

Estos dos parámetros se registran mediante el heliógrafo y el piranómetro.

El heliógrafo

La insolación es el número de horas diarias en las que la luz solar ha llegado directamente a la superficie terrestre, es decir, sin su intercepción por parte de las nubes. Se registra con el heliógrafo, uno de los instrumentos más curiosos y vistosos de un observatorio meteorológico. Este consiste en una esfera maciza de vidrio de unos 20 cm de diámetro que actúa como una lente convergente con respecto a cualquier dirección de procedencia de los rayos solares. Bajo esta bola de vidrio se dispone una banda de cartón graduada en horas (hora solar), de forma que la parte quemada del cartón permitirá calcular las horas en que ha lucido el sol.

El piranómetro

La radiación solar es una medida de la intensidad de la energía solar incidente, expresada normalmente en watts por metro cuadrado (w/m^2). El instrumento que se usa para registrarla es el piranómetro o radiómetro, aparato que contiene pequeñas cápsulas de vidrio semicirculares cerradas, situadas sobre una plataforma horizontal, en cuyo interior hay una placa de metal negra, que absorbe la radiación que le llega y que transmite, mediante dispositivos electrónicos, en el valor correspondiente de w/m^2.

LOS PLUVIÓMETROS Y EL REGISTRO DE LA PRECIPITACIÓN

El pluviómetro es uno de los instrumentos meteorológicos más sencillos, que sirve para medir uno de los parámetros más importantes en meteorología y climatología: la precipitación. Este instrumento consta de dos cuerpos perfectamente encajados. La pieza superior posee un envase cilíndrico con una boca afilada en forma de embudo, que encaja sobre la segunda pieza, un vaso cilíndrico en cuyo interior se sitúa un pequeño recipiente, que recoge el agua de lluvia, canalizada por dicho embudo. El recipiente interior tiene una boca muy pequeña, para evitar que el agua, una vez en el interior, no se evapore con facilidad. La cantidad de agua recogida se mide con una probeta graduada, calibrada con esta superficie y que indica directamente los litros por metro cuadrado (l/m^2) o milímetros (mm) de precipitación.

La instalación de los pluviómetros es relativamente sencilla. La ubicación ideal es la que está alejada de obstáculos, en medio de un prado o una llanura, por ejemplo. En la práctica, las azoteas de muchas casas y edificios es el lugar donde se ubican. Conviene evitar obstáculos cercanos, como árboles o edificaciones, pero, si no se puede, la condición para obtener unas medidas fiables es que la distancia mínima de cualquier obstáculo al pluviómetro sea el equivalente, como mínimo, a su altura. Para sujetar el pluviómetro se utiliza un palo vertical, clavado en el suelo, en un maceta o en un muro, si puede ser a una altura del suelo de un metro y medio.

Los pluviógrafos

El pluviógrafo es el aparato que permite registrar la intensidad de la precipitación, es decir, la cantidad de agua por unidad de tiempo, ya que registra de forma continua, sobre una banda enrollada en un tambor giratorio, el valor de la precipitación y la hora en que se produce. Es un dato que se mide en milímetros por minuto y que resulta de gran interés en ingeniería, arquitectura y ciencias ambientales.

Uno de los modelos más comunes de pluviógrafo es el de balancín, que consiste en un recipiente en forma de prisma, dividido en dos compartimentos, que, gracias a un eje horizontal, puede balancearse y actuar como una balanza. Un embudo instalado en la parte superior de este balancín recoge el agua de la precipitación y la conduce a través de un pequeño tubo a uno de los compartimentos. Cuando este se llena, el balancín bascula por el peso del compartimento lleno de agua, y el agua drena hacia el exterior del pluviógrafo mientras se llena el otro compartimento, el cual una vez lleno vuelve a bascular, y se inicia así un proceso de balanceo periódico. Este movimiento se transforma, por medio de un sistema mecánico de ruedas y palancas, en una inscripción en un tambor giratorio. Los pluviómetros electrónicos más comunes se basan en un pequeño balancín que, al vaciarse por el peso de la lluvia, genera un pulso eléctrico que se registra.

Otro modelo es el llamado pluviógrafo de sifón, que consta de un depósito cilíndrico conectado por medio de un pequeño tubo al embudo de la parte superior del instrumento. Dentro del depósito hay un pequeño flotador, que está conectado a una pluma, la cual realiza un gráfico de la intensidad de la precipitación que permite visualizar con precisión los milímetros de agua precipitada cada minuto.

NUESTROS OJOS, INSTRUMENTOS METEOROLÓGICOS: OBSERVACIONES NO INSTRUMENTALES

En meteorología, hay algunos datos que solo pueden obtenerse a través de la observación, por ello, se llaman no instrumentales. Veamos a continuación cuáles son.

Observación del tipo de nubosidad

En un lugar que tengamos una visibilidad global del cielo, analizamos el tipo de nubosidad para clasificarla en una de las tres familias básicas: nubes bajas, medias y altas. También se anota, para cada grupo de nubes, los tipos que hay en el cielo. Para poder identificarlas nos será de gran utilidad la descripción de cada tipo de nube, que se detalla en el capítulo IV.

Estimación de las octas de cielo cubierto

Para realizar esta estimación, se trata de imaginar el cielo dividido en ocho partes iguales, como si se tratara de un pastel, y mentalmente agrupar la nubosidad en octavas partes u octas, y estimar cuántas hay de cada tipo de nube y cuántas de ellas cubren el cielo.

Grados del estado del cielo

En las observaciones y predicciones meteorológicas, el aspecto del cielo viene definido por cinco grados, que tienen su correspondencia con el número de octos de cielo que cubren. Así, el cielo se dice que está despejado, o raso, cuando hay 0 octas de nubosidad; poco nuboso cuando hay entre 1 y 2 octavos; medio nublado cuando hay entre 3 y 5 octas; muy nuboso, entre 5 y 7 octas, y se dice que el cielo está cubierto cuando hay 8 octavos de nubes.

La visibilidad

La visibilidad es la máxima distancia horizontal a la que son visibles los detalles de un elemento del relieve u objeto, observados por una persona que, en jornadas de visibilidad excepcional, los ha identificado. La visibilidad es una medida de la transparencia de la atmósfera, y se expresa como una distancia, en metros o kilómetros.

La medida de la visibilidad requiere la observación sistemática de la misma zona de paisaje, en la que se identifica una serie de objetos a diferentes distancias conocidas del punto de observación. En días de visibilidad excepcional, se anota cuál es el objeto más lejano que se observa con claridad. Este será el límite máximo de visibilidad del punto de observación. Entonces todos los días, cuando se toma el dato de visibilidad, se anota la distancia del objeto más lejano que se puede observar con claridad.

Los grados de visibilidad

Hay diferentes categorías de la visibilidad a través del aire. La visibilidad es mala cuando es inferior a 1 kilómetro, normalmente es la que provoca la presencia de la niebla; se dice que es regular si pueden observarse objetos más allá de 1 kilómetro, pero no los que se hallan a más de 10 kilómetros. La niebla y el calibre suelen generar este grado de visibilidad; es buena si pueden distinguirse objetos de referencia comprendidos entre 10 y 50 kilómetros; y se considera excelente si pueden identificarse objetos situados a más de 50 kilómetros del punto de observación.

El estado del terreno

El estado en que se encuentra el suelo (mojado, encharcado, enfangado, nevado, helado, seco, encostrado...) es el resultado directo de su interacción con la dinámica atmosférica. Este estado se mide a partir de la observación sistemática del conjunto del suelo.

Los meteoros o fenómenos meteorológicos

La observación de los llamados meteoros o fenómenos meteorológicos es importante y, en la mayoría de casos, solo su observación e identificación por parte de una persona puede dejar constancia de que se han producido. Un halo solar, un trueno o la precipitación de granizo serían tres ejemplos. Para conocer e identificar los principales meteoros, las explicaciones que encontraréis en el capítulo IV os serán de gran utilidad.

21. TELEDETECCIÓN: LA OBSERVACIÓN REMOTA

Una rama importante de las nuevas tecnologías aplicadas a la meteorología es la llamada *teledetección*.

Se trata de un conjunto de técnicas que permiten obtener información sobre la atmósfera y las condiciones

Órbitas de los dos tipos de satélites meteorológicos.

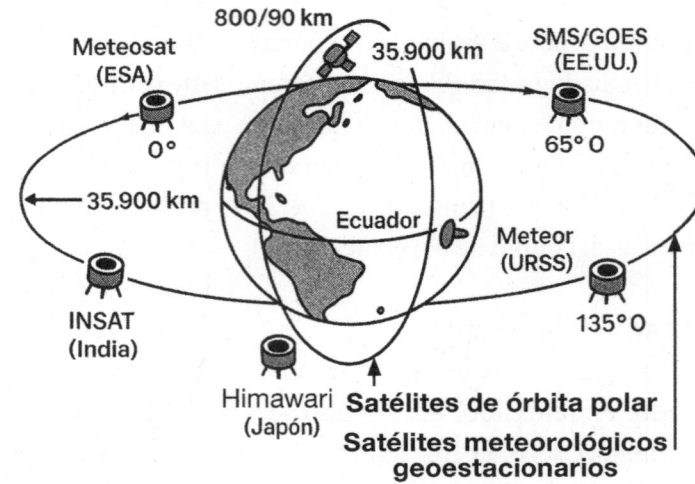

Meteosat (ESA)
0°

800/90 km
35.900 km

SMS/GOES (EE.UU.)
65° O

35.900 km

Ecuador

Meteor (URSS)
135° O

INSAT (India)

Himawari (Japón)

Satélites de órbita polar
Satélites meteorológicos geoestacionarios

meteorológicas a distancia, sin necesidad de contacto directo con el objeto o fenómeno que se estudia. Esta información se recoge mediante sensores instalados en satélites, aviones, radares u otros dispositivos. En los siguientes apartados analizaremos las principales técnicas de teledetección que se emplean para estudiar la atmósfera y sus aplicaciones.

OJOS EN ÓRBITA QUE VIGILAN EL CIELO: LOS SATÉLITES METEOROLÓGICOS

El lanzamiento de TIROS-1, el primer satélite meteorológico, el 1 de abril de 1960, abrió las puertas a una etapa revolucionaria en la meteorología. Desde este primer satélite hasta la actualidad, más de 300 de ellos orbitan la Tierra, ayudando a los meteorólogos en la labor de vigilancia y pronóstico del estado de la atmósfera y en la búsqueda de las ciencias ambientales. Según datos de la Organización Meteorológica Mundial, a principios de 2025 había un total 322 satélites de observación de la Tierra en órbita, 23 de los cuales son satélites geoestacionarios y 223 son satélites en órbita polar. Dichos satélites son operados por 93 agencias espaciales u organizaciones de todo el mundo, incluyendo agencias como la NASA, EUMETSAT, NOAA, JAXA, ISRO, CMA y otras.

Los satélites meteorológicos han contribuido definitivamente al conocimiento de la dinámica atmosférica, y sus aplicaciones no se centran de forma exclusiva en la meteorología, sino que los datos que suministran se utilizan en otras ciencias afines, como las ambientales. Según la órbita que describen alrededor de la Tierra, existen dos tipos de satélites meteorológicos, los llamados *geoestacionarios*, o *geosíncronos*, y los de órbita polar, también llamados *heliosíncronos*.

EL PROGRAMA DE VIGILANCIA METEOROLÓGICA MUNDIAL (VMM)

Hoy en día, la mayoría de satélites meteorológicos participan en el programa de Vigilancia Meteorológica Mundial y forman parte de un sistema internacional, conocido como el Sistema Mundial de Observación por Satélite (WIGOS), que es gestionado por la Organización Meteorológica Mundial (OMM). Así, se asegura que estas misiones, a pesar de estar gestionadas por diferentes países, compartan datos de manera coordinada, abierta y gratuita para la vigilancia global y la mejora de las predicciones meteorológicas.

Los satélites geoestacionarios

Estos satélites orbitan alrededor del ecuador, a 0° de latitud, a una altitud cercana a los 36.000 km, en el llamado cinturón de Clarke. En este punto, estos satélites giran al mismo ritmo que

Los satélites geoestacionarios actuales

Satélites	País y servicio meteorológico	Área de observación
Meteosat-11 y **MTG-1**	Europa – EUMETSAT	Europa y África
GOES-16 y **GOES-18**	EUA – NOAA	América del Norte y del Sur, océanos Atlántico y Pacífico oriental
Himawari-9	Japón – JMA	Asia oriental, Australia y océano Pacífico occidental
Fengyun-4	China – CMA	Asia central y oriental
INSAT-3D/3DR	Índia – ISRO/IMD	Subcontinente indio y regiones vecinas

la Tierra y en la misma dirección, hacia el oeste, completando una vuelta al planeta en 24 horas, de forma que siempre observan una misma área de nuestro planeta. Las imágenes que nos envían corresponden a un disco terrestre, en el que los bordes pierden definición, sobre todo a partir de las regiones superiores a los 55° de latitud norte y sur.

LOS SATÉLITES DE ÓRBITA POLAR

Estos satélites, también llamados heliosíncronos, orbitan a una altitud de entre 800 y 900 kilómetros. Se les llama polares porque pasan siempre por los polos, tanto el norte como el sur, y heliosíncronos porque pasan diariamente, y a la misma hora solar, sobre un punto determinado de la superficie terrestre, ya que el plano de su órbita sigue el

Los satélites polares actuales

Satélites	País y servicio meteorológico	Datos que aportan
MetOp-B y MetOp-C	Europa – EUMETSAT	Temperatura, humedad, viento y otras variables
NOAA-20 y Suomi NPP	EUA – NOAA / NASA	Temperatura, nubes y aerosoles
JPSS (Joint Polar Satellite System – EUA)	EUA – NOAA / NASA	Observaciones de alta precisión de parámetros muy diversos
MFengyun-3	China – CMA	Sensores avanzados para múltiples aplicaciones
Oceansat y Megha-Tropiques	India	Observación de los océanos y zonas de clima tropical

movimiento aparente del Sol. El periodo orbital, es decir, el tiempo que tardan en completar una vuelta al planeta Tierra es de unos 100 minutos. A diferencia de los geoestacionarios, los satélites polares presentan poca resolución temporal, mientras que, al estar más próximos a la superficie, su resolución espacial es muy elevada. Llevan sensores que permiten obtener imágenes de gran resolución y detalle de diversos fenómenos atmosféricos, incendios forestales y monitorización de la vegetación, las condiciones del hielo y la nieve, y las temperaturas de la superficie terrestre y oceánica.

OTROS SATÉLITES

Hay otros satélites no específicamente meteorológicos, pero que aportan datos relevantes para conocer la atmósfera y, en especial, sus complejas interacciones con otros subsistemas terrestres, como los suelos o los océanos. A esta tipología de satélites pertenecen:

- **Tierra y Aqua (NASA):**
  - observaciones climáticas globales y medioambientales.

- **Sentinel (Europa ESA – Programa Copernicus) y Sentinel-3:**
  - Observación oceánica y terrestre, mediante la medición de la temperatura superficial, altitud del mar y la calidad del agua.
  - Importante para el estudio del clima y la meteorología global.

- **GCOM-W (Japón – JAXA):** medida de la humedad del suelo, precipitación y vientos oceánicos.

LOS RADIOSONDAJES

Para conocer el estado de la atmósfera es fundamental saber las condiciones meteorológicas dominantes en las capas medias y altas de la troposfera, que se miden con el lanzamiento de globos con sondas meteorológicas.

El globo sonda está fabricado con látex, una sustancia muy flexible que permite que llegue a alturas superiores a 15.000 m antes de estallar, después de dilatarse como consecuencia de la disminución de presión exterior en el globo.

Los datos de un radiosondaje permiten observar las variaciones de los parámetros meteorológicos en las diferentes capas de la troposfera. Con estos datos se elabora el diagrama del radiosondaje, que describe gráficamente la evolución de la temperatura, la presión, el viento y la humedad del aire a diferentes altitudes. Se trata de una herramienta muy útil en los servicios meteorológicos nacionales para elaborar los mapas y las cartas sinópticas. Los datos del radiosondaje también se emplean para actualizar y aplicar los modelos numéricos de pronóstico meteorológico. La red mundial de observatorios, que llevan a cabo observaciones aerológicas, consta de unas 900 estaciones, las cuales, de forma simultánea, dos veces al día, a las 12 horas UTM y 00 UTM, hacen los lanzamientos de las radiosondas.

LOS RADARES METEOROLÓGICOS

Los radares meteorológicos son instrumentos fundamentales para el seguimiento y la prevención de precipitaciones intensas en un periodo de tiempo corto. Estos instrumentos permiten la teledetección de la precipitación, y pueden determinar su ubicación e intensidad.

Durante la Segunda Guerra Mundial, las observaciones de los ecos inesperados que mostraban los radares desarrollados en aquella época, con una finalidad bélica, acabaron convirtiéndose en una de las herramientas más útiles de la meteorología moderna. Aquellos ecos, poco deseados, procedían del reflejo de las ondas electromagnéticas emitidas por los radares con las montañas y las precipitaciones. Fue cuestión de tiempo que los radares creados especialmente para la observación de la precipitación se desarrollaran. Actualmente es una de las herramientas más importantes en la detección y el seguimiento de las precipitaciones y para el pronóstico de fenómenos adversos, como lluvias torrenciales o granizadas.

Funcionamiento del radar
meteorológico. (CC BY-SA 3.0)

Funcionamiento básico de los radares

Un radar meteorológico funciona de la misma forma que un radar convencional, como los destinados a controlar el tráfico aéreo en los aeropuertos, o los aviones enemigos en conflictos bélicos. Una antena crea y emite en todas las direcciones del espacio ondas electromagnéticas esféricas de una determinada frecuencia, generalmente dentro de la franja de las microondas, que colisionan con las gotas de agua o partículas de hielo que precipitan de la base de una nube.

Tras la colisión de estas ondas electromagnéticas emitidas por el radar con las partículas de precipitación, se difunde la energía recibida en todas direcciones, y una pequeña parte retorna a la dirección del radar, la cual es captada por un receptor que hay en el propio radar, el cual, mediante un determinado sistema informático, permite calcular la distancia e intensidad de la precipitación. Estos sistemas traducen la intensidad de la reflectividad en tipos e intensidad de precipitación. La inclinación del haz de ondas electromagnéticas emitidas por el radar no puede ser cualquiera, si lo que realmente se pretende es detectar las partículas de precipitación por debajo de la base de la nube. Si el ángulo de emisión es muy elevado, las ondas electromagnéticas detectarán las partículas dentro de las nubes, y no las que precipitan, mientras que si el ángulo es poco inclinado, se corre el peligro de que se detecten ecos originados por la orografía.

Este proceso de emisión —colisión con la partícula de precipitación, difusión hacia el radar y recepción— se produce cerca de mil veces cada segundo y se obtienen unas imágenes, casi en tiempo real, de la distribución de la precipitación dentro del radio de acción del radar. Actualmente, la mayoría de radares meteorológicos son aparatos que se basan también en el efecto, y a partir de la diferencia de frecuencia entre las ondas emitidas y las reflejadas, pueden calcular la dirección y velocidad de la zona de precipitación. A su vez, pueden hacer una proyección de su evolución durante las horas inmediatas.

Aplicaciones meteorológicas

Los radares meteorológicos detectan en tiempo real su precipitación, realizan la animación de las últimas horas y también su proyección futura. La previsión meteorológica a muy corto plazo también se realiza con los radares. La información del campo de precipitación a intervalos cortos de tiempo que reciben, de entre 5 y 10 minutos, se utiliza para los pronósticos de la evolución temporal de la propia precipitación. El análisis tridimensional de la evolución de tormentas, huracanes, tornados y, en general, de la nubosidad de gran desarrollo vertical es también una de las aplicaciones del radar. La activación o actualización de las alertas meteorológicas por precipitaciones intensas o granizadas utiliza datos procedentes de los radares.

Algunas limitaciones del radar

La atenuación de las ondas electromagnéticas a partir del centenar de kilómetros es uno de los factores que limitan el radio de acción de los radares.

La presencia de las montañas y sistemas orográficos es otro de los factores importantes que limitan los radares.

Las montañas elevadas pueden generar la presencia de ecos que parecen de precipitación, cuando realmente no se produce. Por esta razón, en países montañosos se debe diseñar una red de radares que cubran bien las diferentes regiones, evitando estos ecos falsos, así como las sombras que pueden generar los sistemas orográficos situados entre el radar y la precipitación. Los datos de los diferentes radares se combinan para obtener una única imagen. Estos problemas requieren un tratamiento posterior de corrección, sobre todo para hacer un uso cuantitativo de las imágenes obtenidas.

TELEDETECCIÓN DE RAYOS Y RELÁMPAGOS

Ni las imágenes de satélite ni las de radar meteorológico dan ninguna información sobre la actividad eléctrica de las nubes. Por este motivo, se han desarrollado sensores de detección de descargas eléctricas en la atmósfera, las cuales son visibles por el ojo humano como un rapidísimo resplandor intermitente, de una duración de milésimas de segundos, pero que emiten también diferentes tipos de radiación electromagnética, imperceptibles para las personas, pero detectables por estos sensores de teledetección de rayos y relámpagos:

- **Sensores de campo eléctrico (campos próximos):** detectan variaciones rápidas del campo eléctrico local provocadas por las descargas eléctricas. Son adecuados para detectar rayos que se producen relativamente cerca (hasta unos pocos kilómetros). Habitualmente se instalan en aeropuertos, edificios y zonas sensibles como los parques de atracciones, con el fin de protegerlos de los daños causados por los rayos.

- **Sensores de radiofrecuencia:** detectan las descargas eléctricas de las nubes a partir de la radiación electromagnética de las ondas radio que se generan. Esta radiación está comprendida entre unos pocos KHz (baja frecuencia) y hasta los GHz (alta frecuencia). Detectan y diferencian los rayos y los relámpagos, ya que estas descargas emiten ondas de radio, de alta frecuencia (VHF) —si la descarga se produce en el interior de la nube (relámpago)— o de baja frecuencia (LF) —si la descarga tiene lugar entre la base de la nube y el suelo (rayo).

  Los sensores de radiofrecuencia están conectados a un sistema de análisis de los datos que mide el momento de llegada (TOA - *time of arrival*) o la diferencia de fase entre tres puntos donde hay instalados sensores para triangular y localizar geográficamente la descarga eléctrica.

  Existen redes de detección global de descargas eléctricas, las cuales interconectan varios sensores. Es el caso de los sistemas globales (como el WWLLN o GLD360) que permiten detectar rayos en todo el mundo, aunque con menos precisión que los sistemas regionales que interconectan pocos sensores.

- **Detectores de rayos por satélite:** algunos satélites meteorológicos modernos también incluyen sensores ópticos de rayos, como:
  - glm (Geostationary Lightning Mapper) del satélite GOES-R (América).
  - li (Lightning Imager) del Meteosat Tercera Generación (Europa).

Estos sistemas detectan el resplandor óptico de las descargas desde el espacio.

LOS MODELOS DE PREDICCIÓN METEOROLÓGICA: LA PREDICCIÓN NUMÉRICA DEL TIEMPO

Actualmente la predicción meteorológica se basa en modelos numéricos de simulación del tiempo atmosférico. La totalidad de pronósticos meteorológicos se basa en los mapas elaborados a partir de un modelo numérico del tiempo. El funcionamiento de estos modelos se basa en la aplicación de complejas ecuaciones para simular el funcionamiento de la atmósfera y la evolución de sus parámetros. Estas extensas formulaciones matemáticas se basan en los principios físicos de la hidrostática y la dinámica de fluidos, así como de otros ámbitos como la termodinámica, la microfísica de nubes, la óptica, etcétera.

La creciente rapidez de cálculo y la potencia de los ordenadores dedicados a la modelización atmosférica permiten aplicar y solucionar las complejas ecuaciones que describen el estado de la atmósfera en el tiempo razonable de tres o cuatro horas. Así, varias veces al día, los potentes ordenadores realizan millones de operaciones y actualizan el pronóstico meteorológico a partir del modelo numérico correspondiente. Los datos meteorológicos necesarios para iniciar los cálculos provienen de observatorios y de otras fuentes (satélites, boyas, aviones, barcos, etcétera) de todo el mundo, si se trata de un modelo global, y preferentemente de una determinada zona, si se trata de un modelo de menor escala.

A nivel mundial, hay varios centros donde se hacen los cálculos de modelización atmosférica, como el ECMWF en Bonn y Bolonia, la NOAA/NCEP en Estados Unidos o el IMD en la India.

Tipos de modelos atmosféricos

Según qué se quiera modelizar, existen muchos tipos de modelos de predicción numérica del tiempo. Así, los modelos de circulación general (MCG) realizan una predicción del movimiento de las masas de aire y de la evolución de parámetros físicos, como temperatura, humedad, dirección y velocidad del viento o presión, en todo un hemisferio. Permiten analizar a gran escala la evolución de la atmósfera. Su resolución es muy grande, de forma que no permiten obtener, por ejemplo, cuál será el estado de la atmósfera sobre una región pequeña, ni incluyen fenómenos de pequeña escala, como las brisas estivales.

Por el contrario, existen modelos numéricos de microescala, los cuales permiten, por ejemplo, conocer la evolución futura de una nube o el estado de la atmósfera en una pequeña región, como un determinado valle. La resolución de estos modelos es tan pequeña que no sirve para hacer pronósticos más generales.

En medio de estos dos modelos, están los llamados modelos de escala sinóptica y mesoscala, que son los que suelen utilizar los centros meteorológicos y los propios meteorólogos para elaborar los pronósticos meteorológicos.

Los datos atmosféricos, base de los modelos numéricos

La base de estos pronósticos numéricos del tiempo, resultado de los millones de operaciones de los superordenadores, es la grabación de numerosos parámetros meteorológicos. De hecho, una de las condiciones para un buen pronóstico es la correcta medida de los parámetros atmosféricos iniciales, tanto en superficie como en altura, para poner en marcha los cálculos que llevan a cabo los potentes ordenadores. Los observadores meteorológicos suministran «en bruto» a los meteorólogos una serie de medidas (humedad, las temperaturas máxima y mínima, la dirección y velocidad del viento, la cantidad de precipitación, la presión atmosférica a nivel del mar y las octas de cielo cubierto) realizadas en determinados puntos y en un intervalo de tiempo concreto, generalmente cada tres horas. Esta información se transmite rápidamente al centro meteorológico regional y, una vez recopilada la de todas las estaciones, se transfiere a la sede central de pronóstico.

Además de estas medidas de observadores, se añaden los datos de las diferentes estaciones automáticas, que se programan para que envíen aquellos necesarios de forma regular en un tiempo prefijado. Los datos de los radiosondajes también son muy útiles, ya que muestran el estado de las capas más altas de la troposfera. Los aviones comerciales, así como los barcos, también incorporan sistemas de medida, de forma que a lo largo de su viaje transmiten diferentes medidas de parámetros meteorológicos. Finalmente, el radar meteorológico aporta datos valiosos de la cantidad de precipitación, y las imágenes de satélite miden el calor que irradia la superficie de la Tierra.

Paso a paso de la modelización

El primer paso es la asimilación de datos observacionales que hemos mencionado antes, así como de las predicciones numéricas más recientes. Se emplean técnicas estadísticas para preparar estas condiciones iniciales con la mejor información posible. Hay un control de calidad de los datos para eliminar los erróneos.

A continuación, se aplican las ecuaciones del modelo y se hacen *ensembles* para tratar la incertidumbre intrínseca del modelo. Este último paso consiste en hacer varias predicciones con variaciones leves en el estado inicial o en parámetros del modelo para poder calcular los resultados más probables.

Finalmente, se hace un posprocesado del resultado, en el que los meteorólogos revisan y adoptan las predicciones del modelo para, finalmente, poder realizar la predicción de tiempo que se hace pública.

Tipos de datos elaborados a partir de los modelos numéricos de predicción y su utilidad

Los modelos numéricos de predicción permiten elaborar un pronóstico general del tiempo atmosférico, así como conocer la evolución del valor de determinados parámetros meteorológicos, como la presión, la dirección y la velocidad del viento, la temperatura o la precipitación, entre otros. Este conjunto de «productos» derivados de la modelización del tiempo atmosférico tiene muchas aplicaciones sociales e implicaciones económicas.

Cada vez más, determinados sectores empresariales e industriales tienen en cuenta los resultados de los modelos numéricos para su estrategia comercial, hasta el punto de que del grado de acierto de estos modelos numéricos puede depender la obtención o la pérdida de beneficios. Por ejemplo, las empresas que gestionan los parques de aerogeneradores para la obtención de electricidad y la posterior venta a la empresa propietaria de la red eléctrica, ahora están obligadas a pronosticar, en un periodo de 24 horas, a cuánta energía eléctrica los venderán, para así poder adelantar el número de centrales térmicas e hidráulicas que deberán estar operativas o paradas, y también el nivel de funcionamiento de las centrales nucleares. Las empresas que gestionan los parques de aerogeneradores facilitan sus estimaciones de energía eléctrica generada en función de la velocidad y dirección del viento que les pronostican los modelos numéricos del tiempo, de un día para otro. Un buen modelo numérico y una buena interpretación del resultado representa que la estimación será correcta, y la empresa tendrá beneficios. Un pronóstico alejado de la realidad supondrá el pago de una multa, aparte de unas pérdidas económicas por no haber llegado a generar suficiente energía eléctrica.

El pronóstico de la dirección y la velocidad del viento a partir de modelos numéricos del tiempo está también presente en determinados deportes de competición. Por ejemplo, en la Copa América, el campeonato más importante de veleros, algunos países disponen de un equipo de meteorólogos que asesoran a los miembros integrantes de la tripulación del estado del viento durante las jornadas de competición, para poder estar alertados sobre posibles cambios de dirección y velocidad.

El pronóstico de la precipitación que hacen los modelos numéricos del tiempo es uno de los resultados más empleados, seguramente porque es el fenómeno meteorológico que más influye en las actividades del ser humano. Desde el sector del turismo, pasando por la agricultura y los transportes, el pronóstico de la distribución y cantidad de precipitación es de gran importancia para el óptimo desarrollo de estas actividades. En zonas donde las lluvias puede ser torrenciales, los modelos numéricos pronostican la cantidad de precipitación acumulada en diferentes intervalos de tiempo y cómo se distribuye por el territorio, y es una herramienta de gran importancia para los sistemas de alerta y vigilancia.

También lo son los modelos que pronostican la evolución de la temperatura. En efecto, el pronóstico de temperaturas extremas con unos días de antelación puede ser la clave para superar con un mínimo de éxito olas de frío o de calor. Estas predicciones permiten advertir a la población de la llegada de temperaturas extremas, y que los diferentes organismos de la Administración adopten con suficiente tiempo las medidas oportunas para minimizar sus efectos.

Los modelos numéricos del tiempo también se utilizan para determinar la evolución en el tiempo de algunas variables relacionadas con la meteorología, como la altura de las olas y la dirección de las corrientes marinas, o la dispersión de algunos contaminantes.

Los datos de los modelos numéricos también permiten predecir la evolución de otros sucesos excepcionales, como los grandes incendios forestales o los accidentes químicos o nucleares. Las medidas de protección y actuación en estos casos se pueden diseñar de forma más específica en función de estas predicciones.

¿POR QUÉ NUNCA PODRÁ SER EXACTA UNA PREDICCIÓN NUMÉRICA A QUINCE DÍAS VISTA?

Como describió el meteorólogo Edward Norton Lorenz en los años sesenta del siglo XX, por mucho que se mejore la medida de las variables meteorológicas, y la rapidez y potencia de cálculo de los ordenadores, pronosticar el estado de la atmósfera más allá de dos semanas es imposible por la propia naturaleza de la atmósfera, porque se trata de un sistema con un alto componente caótico. En un sistema de este estilo, la más pequeña variación en una de las condiciones iniciales puede generar un comportamiento muy diferente con el paso del tiempo. Así, el error más pequeño en la medida de una de las condiciones iniciales —algo inevitable, dado que el solo hecho de medir significa alterar el sistema— puede generar una situación meteorológica totalmente diferente. Esta discrepancia es insignificante en un principio, pero a medida que pasa el tiempo, se magnifica. Así pues, más allá de unos quince días, los pronósticos meteorológicos nunca tendrán una fiabilidad aceptable. Es el llamado *efecto mariposa*.

22. LA PREDICCIÓN METEOROLÓGICA EN EL TIEMPO DE LA INTELIGENCIA ARTIFICIAL

La inteligencia artificial (IA) está empezando a tener un papel destacado en la predicción meteorológica actual. Su aplicación ha transformado la manera en que se recogen, procesan y analizan los datos del tiempo, haciendo que los pronósticos sean más rápidos, precisos y detallados. Las aplicaciones más destacables de la IA en este campo son:

- **Mejora de la precisión de los pronósticos.** Los modelos tradicionales de predicción meteorológica (como los modelos numéricos) consumen muchos recursos computacionales. La IA, especialmente mediante técnicas de aprendizaje automático, puede aprender patrones a partir de datos históricos y actuales para realizar predicciones más precisas, especialmente a corto y medio plazo.

- **Velocidad en el análisis y generación de pronósticos.** La IA puede procesar grandes volúmenes de datos meteorológicos con mayor rapidez que los métodos clásicos, lo que permite generar pronósticos casi en tiempo real. Esto es especialmente útil para prevenir fenómenos extremos como tormentas, huracanes o inundaciones.

- **Integración de datos de diversas fuentes.** La IA puede combinar información de muchas fuentes diferentes: satélites, estaciones meteorológicas, sensores remotos, drones, boyas oceánicas, etcétera. Esto mejora la comprensión general de las condiciones climáticas y permite hacer pronósticos más completos y contextualizados.

- **Predicciones a largo plazo y de cambio climático.** También se utiliza la IA para analizar tendencias a largo plazo y estudiar los efectos del cambio climático. Resulta esencial para la planificación de políticas públicas, agrícolas, urbanas y de gestión del territorio.

- **Servicios meteorológicos personalizados.** Con la IA se pueden ofrecer servicios personalizados, como alertas específicas para zonas concretas o para sectores como la agricultura, la construcción o la aviación, ya que mejora la toma de decisiones y reduce los riesgos.

MODELOS DE PREDICCIÓN METEOROLÓGICA BASADOS EN IA

Junto a los modelos de predicción numérica del tiempo atmosférico, basados en ecuaciones físicas, y sobre los que hemos hablado en apartados anteriores, han aparecido modelos basados en IA que aprenden directamente de grandes conjuntos de datos históricos:

- **Aurora** de Microsoft: modelo de IA entrenado con millones de horas de datos, capaz de generar previsiones globales de 10 días en menos de un minuto.

- **GenCast** de Google DeepMind: modelo de *machine learning* que simula 15 días de pronóstico en solo 8 minutos, pero con una resolución espacial menor que los modelos tradicionales.

- Otros modelos, como **Pangu-Weather** y **NeuralGCM**, combinan modelizaciones basadas en ecuaciones físicas con componentes de IA que ofrecen un rendimiento comparable a los mejores modelos físicos, pero con un gran ahorro computacional.

Sin embargo, los modelos físicos todavía son esenciales por su robustez, explicabilidad y fiabilidad ante situaciones extremas o nuevas realidades climáticas. Actualmente, pues, los modelos de IA emergentes, como Aurora o GenCast, ofrecen alternativas muy rápidas y competitivas, aunque todavía son complementarias y no sustituyen los enfoques físicos tradicionales.

IV. Nubes y fenómenos meteorológicos

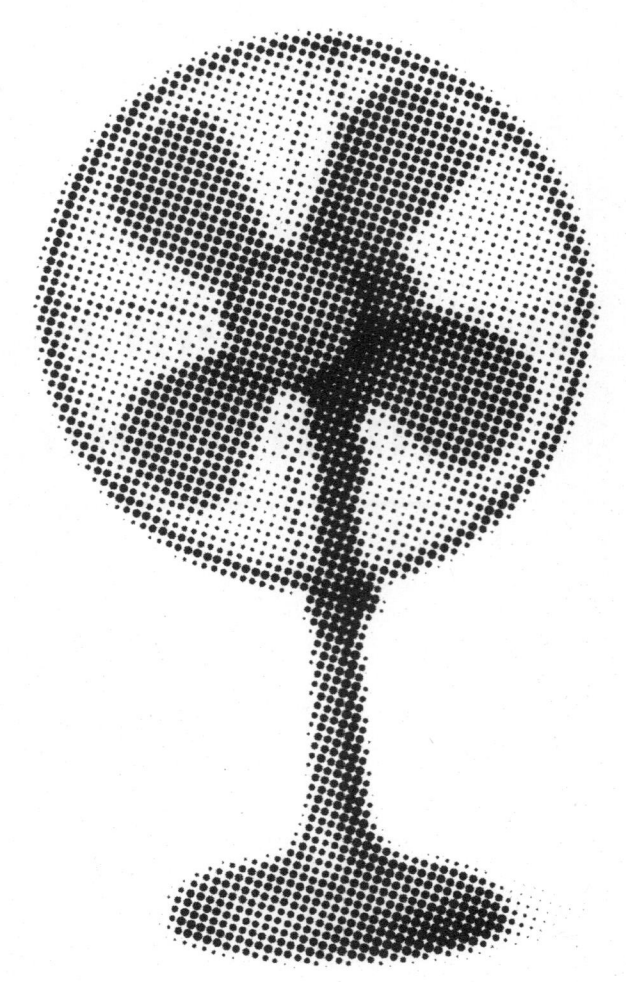

23. ¿QUÉ SON LAS NUBES? EL AGUA EN LA ATMÓSFERA

La Tierra contiene agua en abundancia (1.370 millones de km^3), un hecho muy excepcional entre los planetas del sistema solar. De esta inmensa cantidad solo el 0,035 % se encuentra en la atmósfera, porcentaje que, a pesar de ser pequeño, representa una cifra de 479.500.000.000.000.000 l.

En la atmósfera, el agua puede encontrarse en forma gaseosa, líquida o sólida. El vapor de agua es un gas minoritario dentro de la composición atmosférica. Su cantidad en la atmósfera es muy variable y puede oscilar entre el 0 y 4 %. Las capas inferiores de la atmósfera y, especialmente, la parte inferior de la troposfera, concentran la mayor parte de este gas. Se calcula que el 90 % del total de agua en la atmósfera se encuentra confinada en los 6 kilómetros inferiores de la atmósfera.

Aunque el agua sea un componente minoritario de la atmósfera, la presencia de esta sustancia en el envoltorio gaseoso de la Tierra genera diversos fenómenos atmosféricos y permite la existencia de un ciclo del agua a escala planetaria.

Dentro de la atmósfera, el agua líquida, en forma de pequeñas gotitas, y sólida, en forma de diminutos cristales de hielo, siempre forma parte de la estructura de las nubes o de partículas que se desprenden. Por lo tanto, podemos definir una nube como una porción del aire que se hace visible cuando el vapor que contiene se condensa en gotitas o se sublima en cristales de hielo. Las nubes, pues, están integradas por gotitas o cristales de hielo en suspensión en el aire.

**Las nubes vienen
flotando a mi vida,
ya no para traer lluvia
ni anunciar tormenta,
sino para añadir
color a mi cielo
del atardecer.**

RABINDRANATH TAGORE

LAS MÚLTIPLES FORMAS Y CAMINOS DEL AGUA EN LA ATMÓSFERA

El agua se incorpora a la atmósfera en forma de vapor. El 86% del total de este vapor procede de los mares y océanos, mientras que el 16% restante lo hace de las áreas continentales. En las tierras emergidas, el agua no solo se evapora de los ríos y lagos, sino que también desempeña un papel importante la que procede de la evapotranspiración del suelo y de los seres vivos. Una pequeña parte del vapor procede de la sublimación, es decir, del paso directo de sólido a gas, de la nieve y el hielo en ambientes muy secos.

Todos estos procesos de transformación en vapor requieren un aporte de energía, lo que provoca que actúan como reguladores térmicos. En las zonas tropicales, por ejemplo, las temperaturas del agua del mar superficial raras veces suben de los 29 °C gracias al efecto de la fuerte tasa de evaporación.

Dentro de la atmósfera, el vapor puede transformarse en pequeñas gotas de agua o cristales de hielo. Estos cambios se producen cuando la masa de aire, donde se encuentra el agua en forma de vapor, sufre un enfriamiento o un aumento de volumen, o ambos a la vez. Tanto la condensación (de vapor a líquido) como la sublimación (de vapor a sólido) liberan calor al aire. Este hecho tiene un papel importante en los intercambios energéticos que se producen en la atmósfera.

Las gotitas líquidas, o pequeños cristales de hielo, forman la estructura de las nubes. Según las condiciones atmosféricas pueden formar partículas más grandes, que originen precipitaciones, o evaporarse de nuevo.

En determinadas condiciones, en la atmósfera también puede haber gotitas de agua líquida por debajo de 0 °C. A este fenómeno que se lo conoce como *agua en subfusión*.

24. INGREDIENTES PARA FORMAR UNA NUBE

S i una masa de aire se enfría, disminuye la cantidad de vapor de agua necesaria para alcanzar la saturación y, por lo tanto, su humedad relativa aumenta progresivamente. Si el proceso continúa, a menudo se alcanza el punto de saturación, y el vapor de agua se condensa formando pequeñas gotitas en forma líquida, lo que provoca que se forme una nube, integrada por estas pequeñas gotas. El frío y el vapor de agua son, pues, dos componentes fundamentales para que se forme una nube.

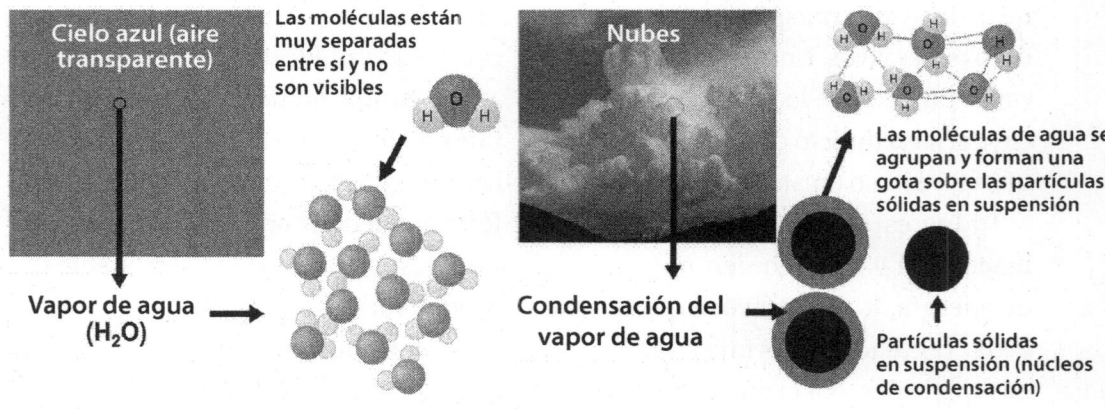

Comparación a nivel molecular del agua atmosférica en una masa de aire no saturada de humedad y una saturada.

Si este mismo proceso tiene lugar a temperaturas muy bajas, en lugar de gotas pueden formarse cristales de hielo por el proceso de sublimación, pero el resultado será el mismo: la formación de una nube.

La saturación de vapor puede alcanzarse por varias causas: un aumento de la cantidad de humedad por evaporación directa o llegada de aire más húmedo, o un descenso de la temperatura que puede darse por un ascenso y descompresión del aire, el contacto con una superficie fría, la mezcla con aire más frío o el enfriamiento por densificación.

El proceso de condensación resulta del todo ineficaz si no hay un tercer ingrediente «mágico» que haga aparecer la nube. Las gotitas formadas por condensación son tan pequeñas (0,00012 mm de diámetro) que tienen una gran tendencia a evaporarse de nuevo. Para que esto no ocurra hacen falta partículas sólidas en suspensión que actúen como núcleos de condensación. Afortunadamente, en la atmósfera siempre hay partículas de este tipo que permiten que las gotitas formadas se estabilicen y se forme la nube, y quizás también algún tipo de precipitación. En el caso de la sublimación ocurre un proceso parecido. Muchos tipos de sustancias pueden actuar como núcleos de condensación: cristales de sal procedentes del mar, partículas muy finas de sedimentos (cuarzo, arcilla, etcétera), otras partículas de polvo (cristales de óxidos de azufre, hollín, etcétera) y partículas de origen biológico (polen, esporas, sulfatos procedentes del DMS —un gas producido principalmente por el fitoplancton marino—, etcétera).

PROCESOS NATURALES QUE ORIGINAN LA FORMACIÓN DE NUBES

El proceso genérico de condensación del vapor de agua que forma las gotas que integran las nubes en la naturaleza puede producirse de diversas maneras:

- **Nubes orográficas.** Cuando una masa de aire en movimiento se topa en su recorrido con una cordillera de montañas, no puede atravesarla y asciende. Durante esa ascensión, su temperatura irá bajando mientras aumenta su humedad. Si este incremento es lo suficientemente grande pueden formarse nubes en la parte superior de la montaña. Esa nubes se denominan orográficas, y son más frecuentes en las montañas y cordilleras grandes y cuando soplan vientos húmedos.

- **Nubes de irradiación.** Durante las noches serenas y tranquilas de los meses más fríos del año, es frecuente que el aire se estanque en los valles y hondonadas. A medida que pasan las horas, el suelo va irradiando el calor, y el aire también se enfría progresivamente. Poco a poco, su humedad relativa irá aumentando hasta llegar a la saturación, momento en el que se formará una capa de niebla a ras de suelo. Este tipo de nieblas que, de hecho, son nubes se llaman de *irradiación*.

- **Nubes de advección.** También pueden formarse nieblas por un proceso bien diferente, llamado *advección*, en el que la condensación del vapor de agua tiene lugar en el seno de una masa de aire en movimiento. Esto puede producirse cuando un aire frío pasa sobre un mar caliente y se mezcla con el aire húmedo que hay encima del mar, o cuando una masa de aire cálido encuentra una superficie fría y se mezcla con el aire frío que tiene encima.

- **Nubes convectivas.** La radiación solar atraviesa el aire sin apenas calentarlo. La superficie terrestre, en cambio, capta con rapidez la radiación solar y aumenta de temperatura de forma considerable si el Sol se halla lo suficientemente alto sobre el horizonte. Una vez que el suelo está caliente, transmite parte de su energía térmica al aire, calentándolo.

  Encima de las vertientes mejor orientadas o determinados substratos que captan más fácilmente la radiación solar y se calientan antes, se forman masas de aire cálido que es menos denso que el aire que lo rodea y empieza a ascender. Es el mismo mecanismo que impulsa hacia arriba un globo aerostático cuando se pone en marcha el quemador.

Si las condiciones son favorables, esta masa de aire irá ascendiendo y enfriándose progresivamente. Este proceso hará aumentar su humedad hasta producirse la condensación que inicia la formación de una nube. La formación de estas corrientes ascendentes de aire caliente se llama *convección* y, por ello, los tipos de nubes que origina se denominan *convectivas*.

La nubosidad convectiva puede observarse con facilidad a partir del mediodía y, sobre todo, por la tarde de los meses y las zonas con mayor radiación solar. También es frecuente en las vertientes orientadas de manera más favorable para captar el calentamiento solar.

- **Nubes de las zonas de baja presión.** En las depresiones o áreas de bajas presiones, el aire tiene tendencia a ascender. Durante este proceso se enfría, y su humedad relativa aumenta progresivamente. En este caso, a diferencia de los procesos de convección, el área afectada es extensa.

Mediante este mecanismo se forman con facilidad nubes que dominan

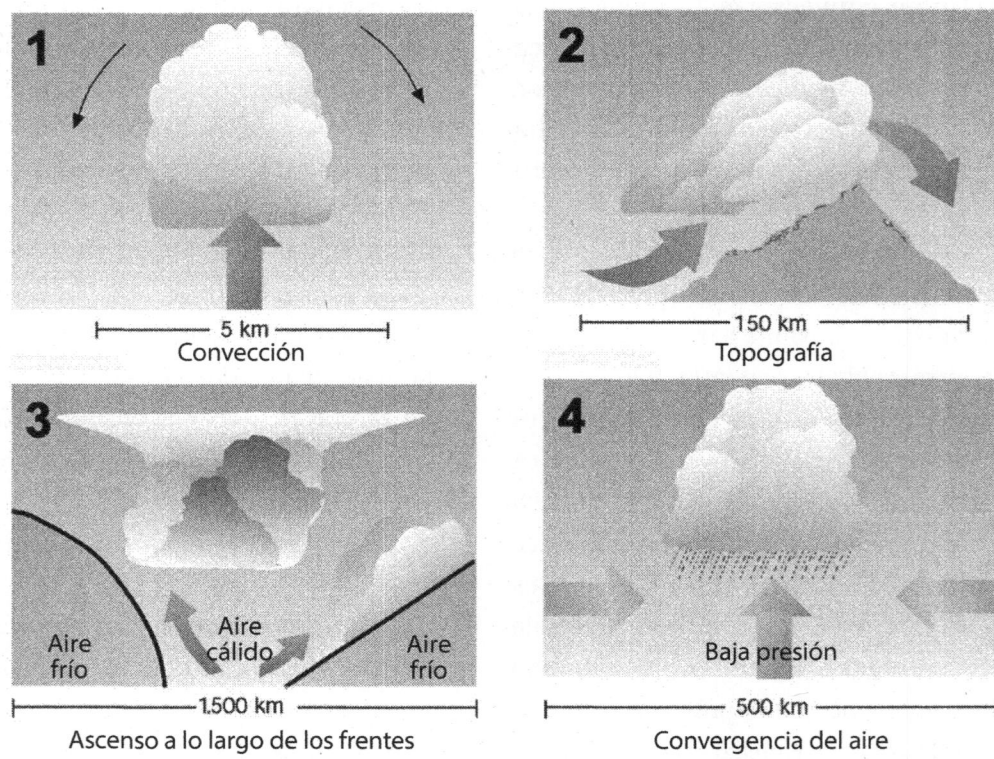

5 km — Convección	150 km — Topografía
1.500 km — Ascenso a lo largo de los frentes	500 km — Convergencia del aire

Mecanismos de formación de las nubes convectivas (1), orográficas (2), frontales (3) y depresionarias (4).

los cielos de muchos sectores de las zonas de bajas presiones.

- **Nubes frontales.** En las imágenes de los satélites meteorológicos es frecuente observar espectaculares franjas de nubosidad que se extienden a lo largo de centenares de kilómetros y que se denominan *frentes*. Como hemos visto, cuando dos masas de aire, de distintas temperaturas, entran en contacto, no se mezclan para formar una masa de aire a una temperatura intermedia, sino que debido a su diferente densidad tienden a quedar separadas por una frontera imaginaria que es precisamente lo que, en meteorología, se llama *frente*.

A lo largo de estas interfases entre dos masas de aire de distintas temperaturas se genera numerosa nubosidad, ya que, independientemente del orden en que estén dispuestas, el aire más cálido siempre se ve forzado a elevarse. La ascensión de este aire y el contacto con la masa de aire más frío hacen que su temperatura disminuya y su humedad relativa aumente. De esta manera se genera abundante nubosidad a lo largo de todo el frente.

Las líneas frontales van asociadas a las áreas de bajas presiones y se desplazan junto con estas. En las imágenes de satélite se observan cómo largas franjas, en forma de arco, se hallan asociadas a la espiral de nubosidad que gira en el entorno del centro de bajas presiones.

COMPOSICIÓN DE LAS NUBES

Como hemos visto, en el interior de las nubes podemos encontrar tres tipos básicos de partículas o núcleos nubosos que integran su estructura: gotitas líquidas, pequeños cristales de hielo y gotas en subfusión. Varios procesos internos de las nubes provocan el crecimiento de estos tres tipos básicos de partículas,

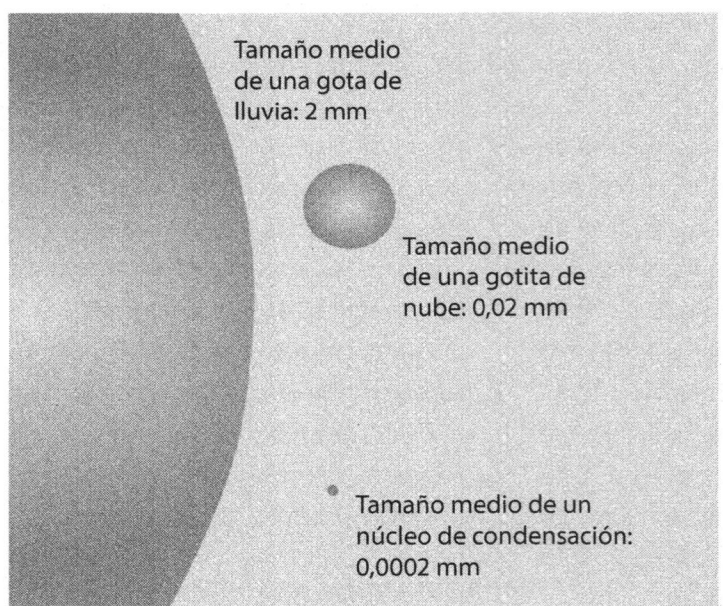

Tamaño medio de una gota de lluvia: 2 mm

Tamaño medio de una gotita de nube: 0,02 mm

Tamaño medio de un núcleo de condensación: 0,0002 mm

Comparativa de las medidas de los núcleos de condensación, gotas de nube y gotas de lluvia.

originando otros mayores y también de otra clase, como los granos de granizo o los copos de nieve.

El crecimiento de las gotitas de las nubes o la agregación de cristales de hielo forman gotas más grandes o copos de nieve que son atraídos por la gravedad y pueden desencadenar precipitaciones si llegan a tierra sin evaporarse.

Dentro de las nubes de desarrollo vertical, las fuertes corrientes ascendentes pueden formar gotas muy grandes. En el caso de las nubes de tormenta también se encuentran a menudo granos de granizo de diferentes tamaños y consistencias.

Las gotas más grandes que pueden precipitar las nubes convectivas en los chubascos estivales tienen un volumen 125 billones de veces más que las minúsculas gotas llamadas *núcleos nubosos*, las cuales se depositan sobre los núcleos de condensación cuando se forma la nube.

En el cuadro de la página siguiente resumimos la diversidad de tamaños de gotas en fase líquida que podemos encontrar dentro de las nubes.

DENSIDAD DE PARTÍCULAS DENTRO DE LAS NUBES

La cantidad de partículas por unidad de volumen que se encuentran en el interior de una nube pueden ser muy diferentes. Las nubes altas presentan las densidades más bajas, que pueden oscilar entre 0,01 y 100 cristales de hielo por cm^3. Los cúmulos y los cumulonimbus,

en cambio, pueden llegar a tener 10.000 gotitas de agua por cm^3.

COLOR DE LAS NUBES

La atmósfera en conjunto dispersa la luz azul, es decir, absorbe el resto de colores que compone la luz solar blanca. Las nubes, en cambio, dispersan la totalidad de la luz por su parte superior. Por eso, si las podemos observar desde arriba, las veremos siempre blancas mientras las ilumine el sol. En cambio, cuando una nube no está iluminada por el sol, siempre la veremos gris, tanto si observamos la base como su parte superior.

El color de su parte inferior está muy relacionado con su composición y su grosor. Las nubes formadas por cristales de hielo son totalmente blancas, las formadas por gotitas son gris oscuro y las mixtas son de un gris pálido. Cuanto más gruesas son, más oscuras se ven. En general, las formadas exclusivamente

Tipus de partícula	Diámetro (mm)	Volumen comparativo con el de una gotita típica de nube
Núcleo nuboso	0,00012	0,000001
Gotita de nube	0,012	1
Gotita grande de nube	0,100	580
Llovizna que no llega al suelo	0,500	72.300
Llovizna	1,200	1.000.000
Lluvia	3,000	15.000.600
Gota de chaparrón	6,000	125.000.000

por hielo son las más delgadas, y los mixtas y los acuosas son progresivamente más gruesas.

A veces pueden tener coloraciones diferentes según cómo les llega la luz. Así, por la mañana o al final del día, cuando sale o se pone el Sol, pueden adquirir coloraciones rojizas espectaculares. La presencia de abundantes partículas de algún tipo como arcillas del desierto, cenizas volcánicas, etcétera, también puede provocar que adquieran coloraciones especiales.

ANATOMÍA DE LAS NUBES

Las nubes pueden tener formas y estructuras muy diferentes. La observación de sus dimensiones principales nos ayudará a clasificarlas.

La extensión horizontal de una nube nos indica su anchura. La dimensión vertical, su máximo grosor. Ambas dimensiones permiten definir dos grandes grupos de nubes: las estratiformes y las cumuliformes. Las llamadas *estratiformes* tienen grandes extensiones horizontales en comparación con su espesor; a veces forman capas de cientos de kilómetros de longitud con un grosor de escasamente dos o tres centenares de metros. Las nubes cumuliformes, en cambio, son más gruesas que anchas. Los cumulonimbus pueden llegar a alcanzar espesores de entre 13 y 15 kilómetros con una extensión horizontal de solo 2 o 3 kilómetros.

Otro parámetro importante es la altura a la que se encuentra la base, ya que es el dato básico que se utiliza para clasificarla en una de las tres familias básicas de nubes. La diferencia entre la altura de la base y la de la cima nos indicará el grosor de la nube.

Otro dato interesante es el movimiento. Una nube casi nunca está estática, ya que normalmente los movimientos continuos del aire la desplazan según el viento dominante. La altura altera la percepción del movimiento, ya que normalmente las más altas se mueven con mayor rapidez pero, aparentemente, parecen más lentas que las nubes bajas. Es lo mismo que ocurre cuando un avión de pasajeros y una avioneta nos pasan por encima. La avioneta parece que vaya a mayor velocidad, pero solo porque pasa más cerca de nosotros, no porque vaya más deprisa.

25. LA CLASIFICACIÓN INTERNACIONAL DE LAS NUBES: DEL HOBBY DE UN FARMACÉUTICO A LA CLASIFICACIÓN CIENTÍFICA DE LAS NUBES

La clasificación actual de nubes se determinó en Londres a principios del siglo xix. En 1803, un farmacéutico llamado Luke Howard, que tenía solo veinte años, presentó a los colegas de una sociedad de aficionados a la ciencia un artículo sobre la clasificación de las nubes. Howard había observado durante muchas horas el cielo y había dibujado varias láminas de los diferentes tipos de nubes. Para designarlas, utilizó nombres en latín que tenían relación con la forma de la nube. Así, por ejemplo, llamó *cirrus*, que en latín significa «mechón de cabello», a las nubes de textura filamentosa, o *stratus* a las que tenían forma de capa. Esta nomenclatura ideada por Howard tuvo una gran aceptación en la época y, todavía hoy, se utiliza en la clasificación internacional de las nubes.

Actualmente, la nomenclatura y clasificación oficial, o internacional, de las nubes viene determinada por el *Atlas internacional de las nubes*, publicado en 1956 por la Organización Meteorológica Mundial. Este atlas fue revisado en los años 1975, 1987, 2009 y 2017, pero sus criterios principales no se han modificado.

Esta clasificación se basa en diez tipos básicos de nubes, denominadas *géneros*, que son excluyentes entre sí y que explicaremos con detalle a continuación. Cada género puede designarse por su nombre o una abreviatura, como veremos indicado entre paréntesis junto al

Los diez géneros de
nubes. (CC BY-SA 3.0)

nombre, y de la descripción que encontraréis en las páginas siguientes.

LA ACTUAL CLASIFICACIÓN INTERNACIONAL DE LAS NUBES

Para comprender con facilidad la nomenclatura y clasificación de las nubes es preciso tener en cuenta dos aspectos: el primero es saber si se trata de nubes estratiformes o de nubes cumuliformes; el segundo es la altura a la que se sitúa la base. Hay tres familias de nubes: nubes altas (>6 km), medias (2-6 km) y bajas (0-2 km). Estos valores de altura son los de referencia para las zonas de latitud media, pero pueden variar en otras zonas de la Tierra. En las zonas de latitudes altas tienden a ser más pequeños, mientras que cuanto más nos acercamos al ecuador

más grandes son estos valores. Esto es debido a las diferentes dimensiones que tiene la troposfera en estas regiones.

LAS NUBES ALTAS: BLANCAS, HELADAS, DISPERSAS Y DELGADAS

Las nubes altas se hallan en la parte superior de la troposfera. Habitualmente su base se sitúa entre 6.000 y 10.000 m, pero, ocasionalmente, pueden encontrarse fuera de estos límites. En regiones frías o periodos de frío muy intenso pueden formarse nubes altas a altitudes menores. En cuanto al límite superior, depende de la situación de la tropopausa: en las regiones templadas durante los meses más cálidos y en las regiones tropicales este puede situarse entre 13 y 15 kilómetros de altitud.

Cirrus con su característica textura fibrosa. Agosto de 2012. ©Marcel Costa

La parte de la troposfera donde se emplazan las nubes altas se halla permanentemente a temperaturas bajas, muy por debajo de 0 °C. En estas condiciones, las partículas que forman las nubes de esta familia son siempre cristales de hielo. Pueden tener forma de aguja, de placa o de estela, pero siempre siguen un sistema de cristalización que tiene como base la figura de un prisma hexagonal.

Las nubes altas son siempre delgadas y con una densidad baja de cristales de hielo por unidad de volumen en comparación con otras familias de nubes. El escaso grosor y la baja densidad de cristales de hielo que forman las nubes altas impide que puedan formar sombras. Por eso su base es siempre de color blanco

Diferentes tipos de cristales de hielo y agregados que pueden encontrarse en las nubes altas. Todas las formas básicas (placa, aguja o estrella) tienen una simetría hexagonal.

Cielo cubierto por cirroestratus. Barcelona, noviembre 2020. ©Marcel Costa

Cielo con varios grupos de cirrocúmulos. Barcelona, septiembre 2024. ©Marcel Costa

intenso, un rasgo distintivo de esta familia de nubes.

Por estas mismas razones, cuando se interponen ante el Sol solo amortiguan un poco la luz, pero los objetos siguen proyectando sombras. En noches de luna ejercen un efecto parecido, formando una capa fina alrededor de este astro.

Formas y clasificación

Hay tres géneros de nubes que comparten todas las características que hemos explicado, pero que se diferencian claramente por su forma y textura.

- La nube más característica de esta familia es el **cirrus** (Ci), que se diferencia básicamente por una textura fibrosa que le otorga un aspecto de pluma o mechón de cabello. Su nombre se utiliza como prefijo para designar los otros dos géneros de la misma familia.

- El **cirroestratus** (Cs) forma capas delgadas y extensas bastante uniformes que solo ocasionalmente presentan texturas fibrosas en los bordes o en sus partes más delgadas.

- Los **cirrocúmulos** (Cc) son pequeñas nubes de forma redondeada que nunca se observan de manera aislada, sino que forman grupos numerosos dispuestos de una forma más o menos regular.

Fenómenos asociados

La gran altitud a la que se encuentran las nubes altas, la escasa cantidad de partículas y, por lo tanto, de agua en estado sólido que contienen, así como su dinámica, impiden que puedan formar ningún tipo de precipitación que llegue al suelo. Solo ocasionalmente inician precipitaciones sólidas que son observables como virgas, es decir, cortinas de precipitación que se desvanecen antes de llegar a tierra, porque los copos de nieve que las integran se subliman nuevamente en vapor de agua al descender a través de capas de aire seco.

Con respecto a los fenómenos ópticos, en cambio, las nubes altas son muy propensas a producirlos. Principalmente los cirroestratos, debido a su forma y composición, pueden generar diversos tipos de fenómenos alrededor del Sol o de la Luna. Los más frecuentes son los halos y los parhelios o falsos soles.

Formación y significado

El aire de la parte superior de la troposfera tiene habitualmente un contenido muy bajo de humedad. Las nubes altas se forman cuando en esta región atmosférica hay una cierta cantidad de vapor de agua y se produce el ascenso de una capa de aire. A las temperaturas extremadamente bajas, propias de estas zonas, les basta un poco de vapor para que se alcance la saturación y se originen cristales de hielo que integrarán la estructura de la nube. Estos procesos tienen lugar cuando se inicia la llegada de un frente cálido o de un frente ocluido. Por ello, las nubes altas se asocian siempre con un cambio de tiempo. Cuando se observan en el cielo, la lluvia, si acaba produciéndose, lo hará al cabo de unas horas, ya que la parte activa de la perturbación aún se halla lejos.

La parte superior de las nubes de desarrollo vertical, como los cúmulos, y

Cielo cubierto de altoestratus con su característicos color gris perla uniforme. Enero, 2013. ©Marcel Costa

Cielo de Barcelona cubierto por altocúmulos, con su característica tonalidad gris en su base. Enero 2014. ©Marcel Costa

más frecuentemente los cumulonimbus, puede llegar a la franja altitudinal de las nubes altas. Cuando alguna de estas nubes está ya en fase de disipación, se suelen originar nubes de tipo alto. Por este motivo, cuando se aproxima un frente frío o una zona de inestabilidad, situaciones en las que a menudo se han producido las nubes de desarrollo vertical, es también frecuente la observación de nubes altas que proceden de la disipación de las anteriores.

LAS NUBES MEDIAS: GRISES, MODERADAMENTE OPACAS Y DE COMPOSICIÓN MIXTA

Las nubes medias, como su nombre indica, ocupan la franja central de la troposfera, entre 2 y 6 kilómetros de altitud. También en este caso hay algunas excepciones.

Debido a los valores térmicos predominantes en las cotas donde se forman las nubes medias y de su dinámica, en el interior de su estructura podemos encontrar diferentes tipos de partículas. Si bien la mayoría tienen una composición mixta con cristales de hielo y gotas líquidas, o en subfusión, en algunas ocasiones se componen exclusivamente por gotas líquidas.

Cuando el cielo está cubierto por nubes medias, el Sol, y también la Luna, no quedan totalmente ocultos. Durante las horas diurnas, los objetos no proyectan sombras, pero, en cambio, podemos ver o intuir la posición del disco solar en el cielo. Un hecho parecido se produce durante las noches de luna llena.

Nimboestratus sobre la Cataluña Central, con una cortina de precipitación que se desprende de su base. Marzo, 2013. ©Marcel Costa

Coloración de las nubes medias

Vista desde el suelo, la base de las nubes altas es habitualmente de color gris, más bien pálido, pero, como veremos, alguno de sus géneros puede ser muy grueso y entonces lo observaremos de color gris oscuro, pero de una tonalidad uniforme.

Formas y clasificación

Los tres géneros diferentes de nubes medias pueden clasificarse a partir de la forma que adquieren:

- **Altoestratus** (As): manto o capa nubosa grisácea o azulada de aspecto estriado, fibroso o uniforme, que cubre total o parcialmente el cielo, y que es lo suficientemente delgado para dejar entrever el Sol.

- **Altocúmulus** (Ac): banco o capa de nubes blancas o grises con sombras propias. Cada nube tiene forma laminar, redondeada o de carrete. Pueden estar unidas o no, y se disponen regularmente.

- **Nimboestratus** (Ns): capa gris y gruesa que cubre el Sol por completo. Color gris más oscuro y uniforme que las otras nubes medias. Aspecto generalmente desdibujado por las precipitaciones de lluvia o nieve que desprenden. Bajo la base, a menudo tiene nubes bajas, de aspecto desgarrado, unidas o no a ella.

Fenómenos asociados

Los altocúmulos y los altoestratus tienen una dimensión vertical relativamente pequeña. Las partículas que los forman pueden crecer dentro de su estructura y alcanzar, a veces, un tamaño lo suficientemente grande como para precipitar, pero a menudo demasiado pequeño para que dicha precipitación llegue a tierra. Solo en el caso de los altoestratus más gruesos en proceso de transformación hacia nimboestratus pueden producir, sobre todo en zonas de montaña, lloviznas o nevadas débiles apreciables. En ocasiones, también los altocúmulos de la especie *castellanus*, al desarrollarse verticalmente, pueden generar alguna pequeña goteada.

Los nimboestratus, en cambio, son las nubes que provocan lluvia o nieve por excelencia. No en vano, el significado literal de su nombre latino es «estratus productor de lluvia» (*nimbus*). Se trata siempre, en este caso, de precipitaciones líquidas o de nieve de intensidad débil o moderada, pero bastante más uniformes que las precipitaciones generadas por nubes convectivas, que son siempre más repentinas.

Formación y significado

Las nubes medias se forman cuando se produce la saturación de humedad de una masa de aire a niveles medios de la troposfera. Este proceso tiene lugar casi siempre en el seno de perturbaciones. En el caso de los altocúmulos se trata de movimientos verticales localizados, mientras que en el de los otros dos tipos de nubes medias, estos movimientos afectan a la totalidad de una capa de aire.

Los altocúmulos y los altoestratus forman la parte central de la franja nubosa de un frente cálido o de un frente ocluido. Por ello, la observación de ambos géneros de nubes medias y su transición, o transformación a géneros más gruesos, tiene un elevado valor predictivo, ya que indica la próxima llegada de la parte más activa de una perturbación.

Los nimboestratus, a su vez, se hallan en esta zona más inestable y son los responsables de las precipitaciones que producen estas perturbaciones.

A partir de la parte superior de la estructura de las nubes de tormenta, cuando esta se estratifica debido a la presencia de la tropopausa, pueden formarse extensas capas de altoestratus o nimboestratus. Este segundo género de nubes medias también puede originarse a partir de la columna convectiva de un cumulonimbus cuando pierde actividad.

En situaciones de inestabilidad, la aparición de capas de altocúmulo es algo frecuente, debido a la existencia de movimientos verticales a niveles medios. Por eso la observación de este género de nubes es un indicio de la posibilidad de que, más tarde, se desarrollen chubascos o tormentas.

LAS NUBES BAJAS: DENSAS, OPACAS E INTEGRADAS POR GOTAS DE AGUA

La familia de las nubes bajas incluye los cuatro géneros cuya base se halla en el interior de los 2 kilómetros inferiores de la troposfera. A pesar de esta generalización, en algunas zonas de alta montaña y en regiones tropicales, o templadas durante los meses más cálidos, pueden formarse nubes bajas a altitudes superiores. Hay que tener en cuenta también que algunos géneros de este grupo pueden presentar un importante desarrollo vertical y que la parte superior de su estructura ocupe la franja altitudinal de las nubes medias o, incluso, de las altas.

Aunque el grosor de las nubes bajas, según el género y el desarrollo vertical, puede oscilar entre menos de un centenar de metros y más de 10 kilómetros, la coloración de su base es siempre gris, pero de tonalidad variable (desde el

Capa de estratus en un valle pirinaico, con un cirrus al fondo. Octubre, 2019. ©Marcel Costa

Cúmulus con sus características protuberancias de la parte superior de color blanco. Octubre, 2014. ©Marcel Costa

gris pálido cuando tienen poco grosor a un oscuro y amenazador gris plomo cuando adquieren mucho desarrollo vertical).

Las partículas que componen la estructura de las nubes bajas son básicamente gotas de agua, ya que las temperaturas en la parte inferior de la troposfera son positivas, o bien, en regiones y épocas del año frías, inferiores a 0 °C, y a menudo compatibles con el estado líquido del agua, aunque se encuentre en subfusión, el estado en que el agua puede mantenerse en forma de gotas hasta −40 °C. Como veremos, las nubes de tormenta pueden alcanzar un desarrollo vertical tan enorme que, en su parte superior, se forman cristales de hielo, y granos de granizo y pedrisco.

Por otro lado, las nubes bajas, tanto si son delgadas como gruesas, presentan una densidad elevada de partículas que puede alcanzar 10.000 gotitas de agua por cm^3. Cuando el cielo está cubierto por nubes bajas, el Sol, y también la Luna, quedan totalmente ocultos. Durante las horas diurnas, los objetos dejan de proyectar sombras, ya que las nubes bajas solo dejan pasar la radiación solar difusa.

Formas y clasificación

Hay cuatro géneros diferentes dentro de la familia de las nubes bajas, que pueden clasificarse a partir de su forma. A este grupo pertenecen los dos géneros que sirven para definir las dos formas básicas de nubes:

Estratocúmulus sobre el cielo de Barcelona. Octubre, 2016. ©Marcel Costa

Cumulonimbus con su base plana y su gran desarrollo vertical. Enero, 2025. ©Marcel Costa

- **Estratus** (St): forman extensas capas de grosor relativamente pequeño con la base y la cima más bien lisas.

- **Cúmulus** (Cu): nubes con la base plana y perfiles bien definidos. Tienen el contorno superior sinuoso y formado por protuberancias, con una forma global voluminosa y relativamente poco extensa. Pueden tener un desarrollo vertical muy variable. La base es de color gris oscuro y la cima de un blanco brillante.

- **Estratocúmulus** (Sc): nubes que forman capas extensas y no muy gruesas, pero con un contorno superior parecido al de los cúmulos poco desarrollados. Su base es lisa. En ocasiones se disponen regularmente.

- **Cumulonimbus** (Cb): son las nubes más grandes y desarrolladas. Se forman a partir del crecimiento de un cúmulus y pueden llegar a ocupar casi toda la troposfera. Se trata de nubes densas y potentes de gran dimensión vertical, en forma de torres o montañas. La parte superior a menudo es lisa, estriada o fibrosa (parecida a los cirrus) y aplanada con forma de yunque. Su base es oscura y desprende precipitaciones, y a menudo se asocia a nubes bajas de aspecto desfilado.

Fenómenos asociados

La gran diversidad de formas y dinámicas que existen entre las nubes bajas condiciona también las grandes diferencias entre la cantidad y tipología de fenómenos que pueden originar. Los estratus y los estratocúmulos limitan o reducen la visibilidad si se forman cerca del suelo, donde originan bancos de niebla o nubosidad orográfica, y solo ocasionalmente pueden desprender débiles lloviznas. Otros, en cambio, como los cúmulos muy desarrollados y especialmente los cumulonimbus, son verdaderas factorías de fenómenos atmosféricos, ya que pueden originar chubascos de diferentes tipos, vientos fuertes y descargas eléctricas, tornados o trombas marinas, estos tres últimos casos fenómenos exclusivos de los cumulonimbus, a los que dedicaremos, más adelante, un apartado específico a hablar de los cumulonimbus o nubes de tormenta.

Formación y significado

Las nubes bajas se forman cuando una masa de aire a niveles bajos alcanza la saturación de humedad y se condensa parte del vapor de agua que contiene. Este proceso, que origina las pequeñas gotas que forman la estructura de la nube, puede producirse por diversos mecanismos. En situaciones de estabilidad atmosférica, el aire tiende a estar estratificado. En estas condiciones, pueden formarse capas de nubes bajas de forma estratificada (estratus o estratocúmulus) debido al enfriamiento nocturno de las capas inferiores de aire.

Otras veces, la ascensión y el consiguiente enfriamiento de una masa de aire provoca la formación de nubes bajas. Cuando un flujo de aire se ve forzado a elevarse cuando encuentra un relieve, se formarán nubes orográficas que pueden ser estratus, estratocúmulos o cúmulus. Si las condiciones son adecuadas, dichos cúmulos pueden desarrollarse hasta originar nubes de tormenta, es decir, los cumulonimbus.

Un tercer proceso que origina la formación de nubes bajas es la convección, causado por el calentamiento del aire en contacto con el suelo o el agua de mar cálida, el cual origina una corriente ascendente de aire. Este mecanismo desencadenará cúmulus que, según las condiciones atmosféricas, adquirirán una dimensión vertical modesta, o, por el contrario, muy importante, y que pueden transformarse en nubes de tormenta. Por ello, observar su evolución tiene un elevado valor para la predicción local del tiempo.

La formación de nubes bajas de desarrollo vertical también se produce en el seno de los frentes fríos, de los frentes ocluidos fríos y en las depresiones, donde los movimientos ascendentes de aire se ven favorecidos.

LOS CUMULONIMBUS: VERDADEROS OBRADORES DE FENÓMENOS METEOROLÓGICOS

En situaciones de inestabilidad, los cúmulus acostumbran a crecer con fuerza, adquiriendo un fuerte desarrollo vertical. En estas condiciones, los márgenes laterales y especialmente la parte superior muestran perfiles complejos formados por numerosas y pequeñas protuberancias. Su aspecto recuerda al de una coliflor. Estas características son un indicativo de la intensidad con las que se producen las corrientes convectivas que forman la nube. La presencia de aire frío en las capas medias de la troposfera, que contrasta fuertemente con el aire caliente, potencia este crecimiento y provoca su ascenso turbulento, un fenómeno que se intensifica en los márgenes de la nube.

La transformación de un cúmulus en un cumulonimbus se produce cuando estas protuberancias, que son como los cogollos de las coliflores, empiezan a desvanecerse. La copa de la nube se vuelve más uniforme y lisa, y se intensifica su color blanco. Su aspecto, que recuerda la calva de una persona, ha servido para dar nombre a esta especie de nube de tormenta, que se conoce como *cumulonimbus calvus*.

Los cumulonimbus se caracterizan por tener dos corrientes verticales de aire que van en direcciones opuestas. Por un lado, la corriente de aire caliente y húmeda que ha generado la convección y la formación de la propia nube, y por otro, una vez que la nube de tormenta ya está desarrollada, en la parte opuesta de su estructura se forma una corriente descendente de aire frío que lleva asociada la precipitación que la tormenta provoca.

Los cúmulos con un acentuado desarrollo vertical se hallan en las zonas más elevadas, por encima de la isoterma de 0 °C, pero las gotas que los constituyen se mantienen todavía en forma líquida. La transformación en cumulonimbus está vinculada a la congelación de estas partículas en la parte superior, debido a las bajas temperaturas en la zona de la troposfera donde se encuentran. Este hecho es el responsable del intenso color blanco de esta parte de la nube y de la textura fibrosa que posteriormente adquirirá.

Evolución de los cumulonimbus

Los cumulonimbus calvus, una vez se han formado, suelen evolucionar con rapidez. A los pocos minutos, la parte superior acostumbra a transformarse progresivamente en una masa cirrosa que se expande lateralmente en forma de yunque. Cuando en el cumulonimbus aparece esta textura fibrosa, ya no pertenece a la especie *calvus* sino a la llamada *capillatus*.

Fases del desarrollo de una nube de tormenta. (CC BY-SA 4.0)

Durante los meses invernales, o a principios de la primavera, los cumulonimbus adquieren, con mayor rapidez y en una extensión mayor, la mencionada estructura fibrosa. Este hecho es consecuencia de las bajas temperaturas del aire en esta temporada del año.

Tormentas multicelulares y supercélulas de tormenta

La formación de una nube de tormenta suele favorecer la formación de otras nubes convectivas en su entorno. La corriente de aire frío descendente que genera la nube cuando llega a la superficie del terreno se mueve lateralmente hacia el exterior de la tormenta y provoca el desplazamiento y la elevación del aire frío superficial. De modo que, bastante

a menudo, unidos a un cumulonimbus o en su entorno cercano, es muy habitual la observación de cúmulos en diferentes estadios de desarrollo, algunos de los cuales acaban transformándose en cumulonimbus y dan lugar a las llamadas *tormentas multicelulares*, es decir, aquellas formadas por más de una nube de tormenta.

El caso más extremo es el de las llamadas *supercélulas*, nubes de tormenta de gran desarrollo y compleja dinámica interna. Para la formación de supercélulas tormentosas se requieren tres factores: primero, es necesario que, en niveles medios y altos de la troposfera, se produzca una fuerte inestabilidad debido a la presencia de una masa de aire frío y seco; segundo, se precisa aire húmedo y cálido a niveles bajos (hasta 1-1,5 kilómetros) con vientos superficiales moderados; y en tercer lugar, que parece ser el más determinante, es la existencia de un cizallamiento vertical, es decir, diferencias de velocidad y especialmente de dirección de las corrientes de aire a distintos niveles de la troposfera.

Las supercélulas poseen unas dimensiones parecidas a las tormentas multicelulares, pero su dinámica interna es muy distinta. En lugar de tener varias corrientes ascendentes y descendentes que se interfieren entre ellas, poseen solo una o dos corrientes descendentes que van acompañadas de una amplia corriente ascendente giratoria que desplaza toda la estructura convectiva.

A menudo, la formación de una supercélula se inicia con la aparición de una tormenta multicelular que, favorecida por las condiciones existentes en los distintos niveles de la troposfera, adquiere organización y virulencia. Los vientos laterales a niveles altos y medios deforman lateralmente el yunque de la tormenta, de manera que la extienden hasta muchos kilómetros de distancia.

La muerte de la tormenta

El debilitamiento de la corriente ascendente que ha originado la nube de tormenta es el inicio de su disipación. Ya en la fase de madurez, la base del cumulonimbus del sector de la nube donde se encuentra la corriente descendente, se observa a menudo bastante desdibujada debido a la precipitación que se desprende de ella.

A medida que la fase de disipación avanza, y una vez que la corriente ascendente desaparece por completo, la estructura comienza a hundirse. En este momento, la corriente descendente se generaliza y ocupa por entero casi toda la estructura.

Dinámica de un cumulonimbus de estructura supercelular. (Dominio público)

Fenómenos asociados a los cumulonimbus

Una vez se ha formado el cumulonimbus calvus, en su parte superior se han creado partículas lo suficientemente grandes como para desencadenar una precipitación. Igualmente, parte del aire que ha llegado a las zonas más altas de la nube se ha enfriado lo suficiente para iniciar un proceso de descenso.

A menudo, los cumulonimbus calvus inician las precipitaciones que la tormenta desencadenará, las cuales pueden ser en forma de nieve, granizo, pedrisco o lluvia, según sean las condiciones atmosféricas. Sin embargo, la electrificación de partículas y la formación de zonas con carga diferente son lo bastante intensas para desencadenar rayos y relámpagos.

Cuanto más complejas son las tormentas más fenómenos meteorológicos severos pueden generar. Así, las tormentas multicelulares y, en especial, las supercélulas tormentosas pueden originar reventones, tornados, trombas marinas, grandes granizadas y fuertes aguaceros que den lugar a inundaciones o riadas.

NUBES ESPECIALES

En este apartado trataremos dos de los tipos de nubes que pueden formarse por distintos procesos de los que hemos mencionado hasta ahora, es decir, las nubes generadas por los incendios y los derivados de las actividades humanas.

Los pirocúmulos: hijos del fuego

Los incendios generan una corriente de aire caliente que transporta una gran cantidad de partículas en suspensión en forma de cenizas y hollín. A veces, según el contenido de humedad del aire y del perfil térmico de la atmósfera, el vapor de agua contenido en esta masa de aire, procedente en buena parte de la vegetación quemada, se condensa y forma una nube cumuliforme. Como indica el prefijo griego *pyros,* que significa «fuego», es precisamente este fenómeno el que origina su formación. Cuando se actualizó la clasificación de nubes publicada en el año 2017, la OMM propuso llamar a estas nubes, *flammagenitus*, si bien todavía se conocen por pirocúmulos en los medios de comunicación.

Los pirocúmulos se diferencian fácilmente de la columna de humo del incendio por su tonalidad. De color beige, gris claro u oscuro según el material quemado, el humo es siempre más oscuro que la estructura blanca de los pirocúmulos, integrada principalmente por gotas de agua, que son consecuencia de la condensación. A menudo, la base de los pirocúmulos, que es más bien plana, no suele verse porque queda oculta por la columna de humo. Por el contrario, la parte superior, de un tono más claro que el humo, presenta un aspecto de cúmulus, nombre que sigue al prefijo *pyros*.

Normalmente, los pirocúmulos no producen ningún tipo de fenómeno, ya que su desarrollo vertical, pese a poder alcanzar unos cuantos centenares de metros, no basta para generar gotas de lluvia lo suficientemente grandes para que lleguen a caer al suelo. Cuando un pirocúmulus se forma en un entorno de inestabilidad atmosférica puede seguir creciendo y desencadenar algún que otro chaparrón o, incluso, transformarse en un cumulonimbus. Este segundo caso, muy poco común, es altamente peligroso, porque, en caso de que la precipitación efectiva sea poco importante, los rayos pueden generar nuevos focos de ignición. Este hecho suele desencadenarse en los incendios de grandes dimensiones, como en los fuegos forestales de sexta generación.

Otro de los fenómenos asociados a los pirocúmulos generados por los grandes incendios es su desplome una vez colapsa la columna convectiva. Este proceso genera fuertes vientos, parecidos a un reventón, que se dispersan lateralmente desde la parte central del incendio y pueden acelerar los frentes de fuego que se hallan aún activos.

Antroponubes (o nubes *homogenitus*)

Las actividades humanas también generan la formación de diversos tipos de nubes. En 2012, un equipo de científicos catalanes constituido por los doctores Jeroni Lorente de la Universidad de Barcelona y David Pino de la Universidad Politécnica, así como por los autores de este libro, publicó en una revista internacional la propuesta de llamar a estas nubes *antroponubes*. con este prefijo *anthropo* (que en griego significa 'hombre' o 'humano'). Cinco años más tarde, la OMM decidió que era importante identificar este tipo de nubes cuando se hicieran observaciones, a las que propuso llamarlas nubes *homogenitus*.

La observación y el registro de la presencia de este tipo de nubosidad es especialmente relevante para poder valorar su interacción con el calentamiento global. Mientras que las nubes bajas de tipo antrópico reducen la cantidad de radiación solar incidente, las altas tienen un efecto contrario. Las nubes altas dejan pasar buena parte de la radiación solar incidente y, en cambio, durante la noche poseen un acentuado efecto invernadero, puesto que retornan hacia la superficie una parte de la radiación que la Tierra emite hacia el espacio, contribuyendo así al calentamiento global.

Antroponubes altas

El caso más común de nubes generadas por las actividades humanas son las estelas de condensación que producen los aviones que circulan por las capas altas de la troposfera. Su observación puede aportarnos información sobre la futura evolución del tiempo.

Los aviones con motores a reacción utilizan el queroseno como combustible. Los hidrocarburos que lo forman ocasionan con el oxígeno atmosférico una reacción de combustión que produce dióxido de carbono y vapor de agua. En el aire expulsado por los motores a reacción de los aviones, que se halla a temperaturas bastante elevadas debido a la energía liberada durante la combustión, hay también algunas partículas sólidas en suspensión procedentes de las impurezas del combustible. Este aire se enfría con mucha rapidez debido a las gélidas temperaturas que imperan a la altura de vuelo. Así, el vapor de agua que contiene se sublima, forma pequeños cristales de hielo y origina la franja blanca que se observa como estela o franja de condensación justo en la zona del cielo por donde ha pasado el avión.

Estas franjas son, en realidad, nubes altas, puesto que se hallan en la zona altitudinal de este tipo de nubes y también por su composición, compuesta de cristales de hielo y su aspecto blanco y relativamente transparente a la luz solar.

En situaciones de tiempo estable, el aire de las capas altas de la troposfera es muy seco. En ese caso, después de formarse las estelas de condensación observaremos cómo estas se desvanecen relativamente rápido. Si observamos estelas de condensación que evolucionan como hemos descrito anteriormente, podemos asegurar que el tiempo atmosférico se mantendrá estable, puesto que las capas altas de la troposfera se comportan de este modo en situaciones anticiclónicas. Por el contrario, cuando las estelas de condensación se mantienen durante mucho rato en el cielo, se ensanchan y, a menudo, se ondulan, y entonces podemos afirmar que se producirá un cambio de tiempo, puesto que en las capas altas de la atmósfera hay aire más húmedo de lo habitual. Estas condiciones se dan cuando se aproxima un frente o un área de bajas presiones. A menudo observaremos estelas de aviones perdurables mezcladas con las primeras nubes altas de la perturbación que se aproxima.

Técnicamente, las antroponubes altas más frecuentes son los cirrocúmulos *homogenitus*, pero según las condiciones también pueden transformarse en cirrus o cirroestratus, que en este caso llamaremos *homomutatus*, según la normativa establecida por la OMM.

Antroponubes bajas

Aunque el aire de zonas urbanas o muy industrializadas tiende a ser más seco que el de las zonas rurales, la existencia de actividades que liberan grandes cantidades de vapor de agua, como consecuencia de procesos de combustión o refrigeración, pueden favorecer la formación de nubes bajas de origen antrópico. Normalmente, estas actividades son también fuentes de calor y de concentraciones más elevadas de núcleos de condensación, y pueden formar nubes bajas, conocidas como *homogenitus*, porque son generadas por las actividades humanas. Normalmente, este tipo de nubes especiales se generan en situaciones de elevada humedad ambiental y vientos dominantes flojos, y se forman sobre algunas industrias o instalaciones que consumen grandes cantidades de carbón o sustancias derivadas del petróleo, como las industrias petroquímicas, las centrales térmicas, las incineradoras de residuos o bien las torres de refrigeración de centrales nucleares.

Estas nubes normalmente pertenecen a los géneros cúmulos o estratocúmulos, y también ocasionalmente en situaciones de inversión térmica muy intensa pueden formarse estratus.

26. LOS FENÓMENOS METEOROLÓGICOS Y SU CLASIFICACIÓN

Los fenómenos meteorológicos o meteoros son eventos atmosféricos que se producen principalmente en la troposfera, la capa más baja de la atmósfera terrestre. Pueden tener una gran variedad de intensidades y duraciones, y pueden afectar significativamente al medio ambiente, las actividades humanas y la salud de las personas. Se clasifican según su naturaleza física en cinco grandes categorías:

- Hidrometeoros: fenómenos relacionados con la precipitación

- Litometeoros: fenómenos producidos por sólidos en suspensión en el aire

- Eolometeoros: fenómenos relacionados con el viento

- Electrometeoros: fenómenos debidos a la electricidad atmosférica

- Fotometeoros: fenómenos generados por la luz.

Esta clasificación, sin embargo, no es del todo rigurosa desde el punto de vista científico, ya que en la formación de la mayor parte de los fenómenos meteorológicos interviene más de un mecanismo físico. Por ejemplo, un meteoro considerado acuoso, como el granizo, es el resultado de la combinación de eolometeoros, que condicionan su precipitación y formación; o un halo solar, considerado un fotometeoro, se origina por la presencia en la alta troposfera de cirrus, nubes compuestas por cristales de hielo, por tanto de hidrometeoros.

HIDROMETEOROS

Los hidrometeoros están formados por un conjunto de partículas de agua, sólida o líquida, que se encuentran en caída en la atmósfera, o que han sido barridas por causa del viento, y que acaban depositándose sobre los objetos del suelo. Según el caso, constituyen los procesos físicos de condensación, o sublimación, los de precipitación y los de congelación. Las nubes son hidrometeoros, pero, dada su relevancia, se suelen estudiar aparte, tal como hemos hecho aquí. Veamos ahora el resto de fenómenos meteorológicos que están relacionados con el agua atmosférica.

El rocío y la escarcha

El conjunto de pequeñas gotas de agua que se depositan sobre la superficie de los objetos, la vegetación y el suelo, por lo general a primera hora de la mañana, constituyen el rocío. Es un fenómeno típico de las noches frescas de invierno, aunque en los climas continentales puede producirse también en las noches de todo el año. Estas gotas se forman cuando el aire se enfría, sobre todo durante la noche, y el vapor que contienen se condensa sobre los objetos, del mismo modo que lo hace al entrar en contacto con las paredes exteriores de un vaso si lo llenamos de agua fría.

Los objetos y las zonas que sufren mayor enfriamiento son aquellas en las que se deposita más cantidad de rocío, como, por ejemplo, las hondonadas de los ríos y torrentes, las umbrías de montañas, o los objetos metálicos.

El rocío suele formarse durante las noches claras y frescas con viento encalmado, siempre que el aire tenga un cierto grado de humedad.

La escarcha es un fenómeno parecido al rocío, pero, en este caso, son cristales de hielo lo que se forma y deposita sobre los objetos. Para que se forme la escarcha es necesario que el aire contenga un cierto grado de humedad, y que la temperatura del aire y del suelo disminuya por debajo de 0 °C. Estas condiciones suelen darse durante las noches invernales encalmadas y serenas, cuando el enfriamiento del suelo es más intenso, aunque a veces pueden formarse dentro de nieblas persistentes con temperaturas diurnas negativas. En estas condiciones, la capa de aire húmedo próxima al suelo y los cuerpos fríos del entorno (hojas, hierbas, piedras…) se enfrían por debajo de 0 °C, y el vapor de agua del aire pasa directamente al estado sólido, sin transformarse previamente en agua líquida, como sucede con el rocío. Se forman entonces unos cristales de hielo, parecidos a agujas, que van depositándose sobre los objetos y el suelo. Puede ocurrir, sin embargo, que el paso del vapor de agua de la atmósfera a hielo se produzca en dos etapas, transformándose previamente en rocío, en gotitas de agua, y que después de enfriarse aún más se congelen. Entonces la escarcha no adquiere estructura de agujas de hielo, sino de gotas sólidas.

Lluvias, lloviznas y chubascos

La lluvia consiste en una precipitación continua y uniforme de gotas de agua de un diámetro variable, pero más bien uniforme, desde la base de una nube hacia el suelo. Cuando esta precipitación es muy uniforme y las gotas muy pequeñas, se habla de llovizna. En cambio, una precipitación repentina y durante poco rato de gran cantidad de agua, en forma de gotas, copos de nieve o partículas de hielo, lo llamamos chubasco. Dichos chubascos, por lo tanto, pueden ser de lluvia, nieve, pedrisco o cualquier otro tipo de precipitación acuosa.

La lluvia helada

La lluvia helada, también llamada lluvia heladera, es agua líquida que cae en forma de lluvia pero que se congela al impactar con superficies muy frías. Este fenómeno puede causar graves problemas en el tráfico y daños en las líneas eléctricas y los árboles. Normalmente, se produce cuando un frente cálido llega a una zona previamente afectada por un periodo de temperaturas muy bajas.

La lluvia de barro

A veces las gotas de lluvia llevan una cantidad importante de barro y «ensucian» todas las superficies sobre las que caen. Se trata de una lluvia que contiene una cantidad destacable de partículas sólidas de sedimentos, normalmente limos o arcillas. Las lluvias de barro suelen afectar zonas próximas a algún desierto, como es el caso de los países mediterráneos o del este de China. Los vientos y remolinos de arena levantan una gran cantidad de polvo muy fino del desierto, que transportan en suspensión. Si una masa de aire, procedente de un desierto, viaja por encima de una zona marina o bien es barrida por un frente, aumenta su humedad. Las partículas de polvo en suspensión actúan como núcleos de condensación y, cuando las condiciones atmosféricas son favorables, se forma nubosidad. Las gotas de agua generadas contienen disuelta una cierta cantidad de este polvo, y pueden originar una precipitación en forma de barro. Después de una lluvia de este tipo, la superficie de los objetos muestra un aspecto marronoso, sucio, más apreciable en los cuerpos oscuros que en los claros.

A pesar de ser menos frecuente, también pueden producirse precipitaciones de nieve «sucia», nieve «roja» o nieve de barro, que es el mismo fenómeno, pero de precipitación con forma de copos de nieve.

Lluvias raras

Un fenómeno original, sorprendente y chocante que acompaña la lluvia en ocasiones muy puntuales es la caída de cuerpos extraños, como peces o monos. Hay numerosos grabados y documentos que dan testimonio de la caída de estos animales a lo largo de la historia de la humanidad.

Los tornados y trombas marinas que pueden generar los cumulonimbus y las fuertes corrientes de aire ascendente que se producen en ellos pueden absorber una variedad de objetos muy amplia hasta altitudes considerables. Dichos objetos, a medida que ascienden por la nube de tormenta y esta va desplazándose horizontalmente, encuentran otras corrientes de aire que pueden trasladarlos, o contrarrestar las corrientes de aire ascendentes, iniciar un descenso y precipitarse a cierta distancia del lugar donde han sido absorbidos. Esto genera curiosas precipitaciones de objetos y animales, como manzanas, pelotas de ping-pong, peces o ranas, con consecuencias a la vez simpáticas y alarmantes.

La nieve

La nieve es la precipitación sólida más común, y que consiste en la caída de agregados de pequeños cristales de hielo que forman copos de tamaño y estructura muy variada.

La precipitación en forma de nieve se inicia, generalmente, en las partes más altas de las nubes, donde la temperatura es muy baja, muy por debajo de 0 °C, y se han formado pequeños cristales de hielo que a medida que van cayendo en el seno de la nube van creciendo, debido a la agregación con otros cristales, hasta formar copos relativamente grandes, siempre que se den dos condiciones: en primer lugar, que la humedad del aire sea elevada, ya que si no es así estos pequeñísimos cristales se subliman antes de unirse y no se forman los copos; en segundo lugar, la temperatura debe ser próxima al punto de congelación del agua, pero no excesivamente baja. Si es muy inferior a 0 °C no se forman copos de nieve, ya que entonces los cristales están formados por hielo seco y la agregación entre estos no llega a producirse. Generalmente, las condiciones óptimas para la formación de copos de nieve, y su consecuente nevada, dependen de la altitud, es decir, son más fáciles de que se produzcan en cotas altas que a nivel del mar a latitudes medias.

El granizo y el pedrisco

El granizo y el pedrisco son formas de precipitación de agua en estado sólido que se generan en nubes de gran desarrollo vertical, especialmente cumulonimbus. Se trata de bolas o fragmentos de hielo que pueden alcanzar un diámetro muy variable, desde los pocos milímetros en el caso del granizo —nombre que reciben si hacen menos de 0,5 cm— hasta valores bastante superiores en el caso del pedrisco, que puede alcanzar un gran diámetro y causar daños materiales y personales.

La formación de estos dos tipos de precipitación tiene lugar exclusivamente en las nubes de tormenta y se inicia a partir de las gotitas de agua líquida que se originan por condensación. Arrastradas por las corrientes ascendentes, estas gotitas se congelan y forman una partícula de hielo que será el núcleo del grano de granizo o pedrisco. En la parte superior del cumulonimbus, numerosas gotas en subfusión impactan contra la partícula de hielo y se congelan instantáneamente, formando una capa de hielo opaco a su alrededor. Al cabo de poco tiempo, los granos de granizo han alcanzado un tamaño lo bastante grande para empezar a caer. Durante su descenso se funde parcialmente su parte más externa e incorpora más gotitas de agua líquida cuando pasa por las zonas medias e inferiores de la nube. Este ciclo puede repetirse varias veces si las corrientes de aire ascendente vuelven a capturar la partícula de hielo, hasta que su tamaño es tan grande que su peso supere la fuerza de las corrientes ascendentes y se precipite.

La nieve granulada

La nieve granulada es un tipo de precipitación formada por partículas de hielo de forma esférica y de color blanco opaco. Su interior se caracteriza por un elevado contenido de aire, lo que determina su baja dureza. Aunque parece un fenómeno intermedio entre la nieve y el granizo, su proceso de formación está relacionado con este último.

La formación de la nieve granulada se produce en el interior de los cúmulos de gran desarrollo vertical y los cumulonimbus, debido a un mecanismo similar a los que producen el pedrisco y el granizo, pero con unas corrientes verticales más débiles y unas temperaturas más altas que no compactan tanto el hielo como en el caso del pedrisco o el granizo.

LITOMETEOROS

Las partículas en suspensión a la atmósfera que no son acuosas forman los litometeoros. Estos fenómenos meteorológicos son más frecuentes en las zonas áridas de la Tierra.

La calima

La calima, también conocida como *niebla seca*, es un fenómeno atmosférico relacionado con la presencia de partículas de polvo procedentes de regiones secas, como el desierto del Sáhara, o el polvo del suelo de zonas continentales y de partículas de sal procedentes del mar, que son secas y generan en el aire una cierta opacidad. Aparece una especie de velo continuo sobre el paisaje, que empaña y cambia la tonalidad de sus elementos. Sobre un fondo oscuro, como el que se genera en la dirección contraria de la puesta y salida del sol, el paisaje y la atmósfera adoptan un color azulado, mientras que sobre un fondo claro, como en determinadas nubes, las montañas nevadas o al observar la salida o puesta del sol, la tonalidad de la atmósfera adquiere un tono amarillento-blanquecino o rojizo. Los colores de los diferentes objetos aparecen sin brillo, y con tonalidades modificadas.

Cielo enturbiado por la presencia de calima, formada por partículas sólidas en suspensión (en este caso, polvo procedente del desierto del Sáhara). Junio, 2012. ©Marcel Costa

Los remolinos de polvo

Los remolinos de polvo son corrientes de aire ascendentes en forma de espiral, que pueden observarse con facilidad porque levantan polvo y arena del suelo. Se producen en climas cálidos y áridos, sobre todo en las horas de más calor. Generalmente, son pequeños, de pocos metros de altura y entre uno y tres metros de diámetro. Los efectos que producen en el entorno son diversos, según su virulencia. Hay remolinos débiles, que apenas levantan un poco de polvo u hojas secas del suelo hasta un par de metros de altura, y otros, más virulentos, que levantan polvo, arena y objetos más pesados. Estos últimos, poco frecuentes, pueden llegar a levantar tejados o volcar vehículos.

Los remolinos de polvo se generan como consecuencia del gran calentamiento del suelo en zonas áridas y semiáridas. En determinadas condiciones, normalmente se desencadenan por la incidencia de un viento superficial con un objeto que genera un giro inicial en el viento, el cual acaba convirtiéndose en un remolino formado por una corriente ascendente de aire caliente de altura variable, que no suele superar los pocos centenares de metros. Su duración suele ser muy corta, de escasamente unos pocos minutos.

Tormenta de arena en la playa del Bogatell de Barcelona durante un fuerte vendaval de tramontana. Marzo, 2011. ©Marcel Costa

Las tormentas de arena

Las tormentas de arena se generan cuando un viento muy fuerte y persistente levanta polvo y arena del suelo, que son desplazados a grandes distancias. La arena y el polvo forman una nube compacta que se desplaza a gran velocidad y que reduce considerablemente la visibilidad a menos de un kilómetro. Las tormentas más violentas, sin embargo, disminuyen la visibilidad a pocos metros. Para que el viento pueda levantar las partículas del suelo, es necesario que este esté seco y desprotegido de vegetación. Por este motivo, las tormentas de arena son fenómenos propios de las zonas áridas de la Tierra. A veces, en estos lugares, el paso de un frente frío hace que el aire ascendente de la parte delantera del frente levante una cortina de polvo y arena, formándose así una especie de muro denso de polvo que, a medida que el sistema frontal se desplaza, va levantando más polvo y arena hasta que acaba por formarse una tormenta de arena. Otras veces, se trata de la simple formación de una nube de tormenta a causa de una situación de inestabilidad, lo que desencadena una tormenta de arena, ya que al haber aire muy seco en la superficie, la lluvia de la tormenta se evapora antes de llegar al suelo, de manera que solo provoca un viento repentino e intenso que levanta el polvo y forma la tormenta de arena.

EOLOMETEOROS

A los fenómenos en los que el viento interviene de una forma más directa y decisiva que otros elementos atmosféricos se les denomina meteoros eólicos.

Trombas marinas

Las trombas marinas, también llamadas tornados o mangas marinas, son columnas de aire que rotan a gran velocidad sobre un eje vertical, que se producen en mares y océanos, y que parecen descolgarse de la base de las nubes de desarrollo vertical, sobre todo de los cúmulos *congestus* y los cumulonimbus. Son parecidos a los tornados que se forman tierra adentro, pero generalmente de menor diámetro y virulencia. De hecho, la formación de una tromba marina no requiere tormentas tan intensas y virulentas como las que requieren los tornados.

Las trombas se generan en el seno de la corriente de aire cálido ascendente asociado a las nubes convectivas que hemos mencionado anteriormente y que se ven favorecidas por la presencia de flujos de viento laterales que favorecen su rotación. Como en el caso de los tornados, las trombas marinas se vuelven visibles como resultado de la condensación del vapor de agua del aire, a consecuencia de la bajada importante y brusca de la presión atmosférica en el interior y el entorno de la tromba.

Los tornados

Los tornados son uno de los fenómenos meteorológicos más espectaculares y, a la vez, más violentos de la naturaleza. Un tornado es una nube en forma de embudo que se forma en la base de un cumulonimbus, impulsado por un fuerte movimiento rotatorio, que al llegar a tierra arremolina todo aquello que encuentra a su paso. Los tornados suelen ir asociados a intensas tormentas supercelulares, que poseen una estructura compleja y a menudo van acompañadas de otros fenómenos severos, como lluvias torrenciales, pedrisco y rayos.

Los mecanismos atmosféricos que generan los tornados aún no se conocen con exactitud. Suelen producirse cuando hay tormentas de estructura supercelular, y generalmente cuando estas entran en su fase de madurez. Entonces, la combinación entre las fuertes corrientes ascendentes en el interior del cumulonimbus y la variación de la dirección del viento debido a la altura puede desencadenar la formación de este espectacular y complejo fenómeno atmosférico.

La gran velocidad de giro del aire del embudo de un tornado provoca que la presión en el centro sea muy baja. Esto genera un fuerte efecto de succión alrededor del embudo, donde la presión es aproximadamente la habitual. Así, los daños de un tornado no se limitan al diámetro del embudo, sino que van mucho más allá. Al pasar cerca de un edificio, incluso a decenas de metros, los cristales pueden estallar y los objetos son succionados hacia el centro del tornado, y levantados del suelo. Este efecto de succión es el que hace levantar polvo y la tierra del suelo, y lo que provoca que, junto con la condensación del vapor de la columna de aire que conforma el tornado, sea más visible.

Los reventones

Los reventones son fenómenos atmosféricos breves, pero violentos, que generalmente se asocian a tormentas severas de verano.

Un reventón es un breve y repentino golpe de viento que tiene su origen en el descenso vertical de aire frío que se produce en la parte central de un cumulonimbus, el cual, al impactar con

Dinámica de un reventón.
(Dominio público)

la superficie del terreno, genera fuertes ventadas que se distribuyen radialmente desde la zona del desplome del aire frío. Según la dinámica y las características de un reventón hay de tres tipos: las secas, las húmedas y las cálidas.

Los reventones se generan en ambientes con una carencia importante de humedad a diferentes niveles de la troposfera. Las nubes desencadenantes son las cumuliformes aisladas, con la base a gran altitud, que generan virgas, una precipitación que no llega al suelo, ya que el ambiente es tan seco que se evapora antes de tocarlo. En este proceso de evaporación se produce un pequeño enfriamiento del aire, el cual provoca una aceleración de la corriente de aire descendente y que incrementa su velocidad.

Los reventones cálidos se generan en situaciones de muy baja humedad y de inversión térmica en los niveles bajos de la troposfera. Se caracterizan por un brusco, repentino y extraordinario ascenso térmico, junto con una bajada importante de la humedad. Normalmente se producen en las noches estivales, durante la fase de disipación de una tormenta. También pueden formarse cuando un flujo de viento cálido atraviesa una cordillera.

Los reventones húmedos están asociados a tormentas virulentas que generan precipitaciones importantes. Conllevan golpes de viento intensos y repentinos y un importante descenso de la temperatura a nivel superficial.

ELECTROMETEOROS

Las manifestaciones audibles y visibles de la electricidad de la atmósfera constituyen los electrometeoros.

Rayos, relámpagos y truenos

En el interior de un cumulonimbus se generan cargas por efectos termoeléctricos y de rozamiento del aire con las pequeñas gotas de agua y los cristales de hielo que lo forman, lo que origina una concentración de cargas positivas en la parte superior de la nube, una de cargas negativas en la parte inferior, así como una pequeña zona de cargas positivas en la base de la nube. El aire es un pésimo conductor de la electricidad, lo que permite que la distribución de cargas eléctricas en el interior de un cumulonimbus sea posible, aunque hasta un determinado umbral. Cuando la diferencia de potencial electroestático entre las diferentes distribuciones de cargas dentro de la nube supera el medio millón de voltios, el aire pierde su condición de aislante eléctrico y permite la circulación de cargas. Es entonces cuando se producen fuertes descargas que pueden ser relámpagos si se originan entre diferentes partes de una nube de tormenta o entre dos de estas nubes, y rayos cuando son descargas entre una nube y el suelo.

Los truenos son los fuertes ruidos producidos por la repentina expansión del aire en el momento en que se produce un rayo o un relámpago.

Los rayos en bola o rayos globulares

De cada cinco descargas eléctricas a la atmósfera solo una es un rayo y solo uno de cada 10.000 rayos es un rayo en bola. Este extraño y poco frecuente fenómeno atmosférico se desencadena cuando una tormenta es muy virulenta y con muchas descargas eléctricas. Consiste en la aparición de una bola luminosa de tonalidades diversas, frecuentemente naranja, amarilla, blanca y roja, aunque también hay observaciones con colores verde y azul. Su diámetro es pequeño, entre 10 y 40 centímetros, y suele presentar un movimiento casi estacionario en el cielo, o bien trayectoria errática, mientras mantiene su luminosidad y dimensiones durante algunos segundos, incluso durante algún minuto. Se deshace lenta y progresivamente, apagándose, aunque a veces también acaban con una fuerte explosión que puede generar daños materiales y humanos.

Hoy en día, sin embargo, aún no hay una explicación clara de este fenómeno. Se sabe que el rayo en bola está formado por plasma, el llamado *cuarto estado de la materia*, un gas en el que los átomos se han ionizado y está formado por electrones e iones positivos que se mueven libremente e interaccionan con los campos electromagnéticos de la atmósfera. Hay varias teorías que explican la formación de este plasma del rayo globular. Una de las más aceptadas actualmente la propusieron los científicos John Abrahamson y James Dinniss en el año 2000, y se basa en la combustión de nanopartículas de silicio. Según estos, cuando un rayo golpea el suelo, especialmente si este es rico en sílice (como la arena rica en cuarzo), se produce una vaporización muy intensa del sedimento afectado. Esta vaporización genera nanopartículas de silicio, que pueden reaccionar químicamente con el oxígeno del aire. Dichas partículas pueden formar una esfera de plasma incandescente, que resplandece durante varios segundos gracias a reacciones de oxidación lenta. El resultado es la bola luminosa que caracteriza este fenómeno. Otras teorías explican la formación del plasma del rayo globular a partir de otros procesos físicos muy diversos, como las microondas, fenómenos cuánticos, o el electromagnetismo.

El fuego de San Telmo

Las pequeñas chispas eléctricas, de diferentes brillos y colores, principalmente verdes y azules, generadas por las descargas eléctricas alrededor de objetos punzantes y metálicos se conoce como fuego de San Telmo. Generalmente se produce cuando se aproxima una tormenta, al intensificarse el campo eléctrico terrestre, y, a veces, es señal de la inminente caída de un rayo. La descarga en torno a estos objetos punzantes y metálicos es más o menos continua, y de una intensidad débil, razón por la cual se observa con mayor intensidad durante la noche, cuando la luz solar no lo impide, y con una humedad relativa elevada. La luminosidad de estas chispas eléctricas es la generada por las moléculas de aire excitadas por el incremento del campo eléctrico terrestre, al acumularse, por un lado, cargas positivas en el extremo de los objetos metálicos y punzantes, y, por otro, cargas negativas en el aire. En lugar de generarse un rayo entre estas cargas, se desencadena una descarga continua entre el extremo de los objetos metálicos y el aire, llamada técnicamente *descarga en corona*, que ioniza el aire y emite luz.

LOS FOTOMETEOROS

Son fenómenos ópticos atmosféricos generados por la reflexión, refracción, difracción e interferencias de la luz solar, principalmente, y en menor medida de la lunar.

Los halos

El halo es un fenómeno exclusivo de las nubes altas, de los cirrus y cirroestratos,

A la izquierda de la imagen, parhelio o falso sol; a la derecha, por el contrario, puede verse el «verdadero» sol muy cerca del horizonte. Setiembre, 2015. ©Marcel Costa

que están formados por cristales de hielo, sobre los que incide la luz solar y que genera fenómenos de refracción y reflexión que crean un anillo delgado, más o menos luminoso, que rodea el disco solar. Las noches de luna llena también pueden formarse halos, aunque más tenues.

Los halos se forman cuando la luz del Sol, o de la Luna, inciden en estos cristales de hielo si están ordenados en una misma dirección. Estos actúan como pequeños prismas, que reflejan y refractan la luz incidente y la desvían de su dirección inicial, y dispersan los colores del arco iris. Todos los cristales provocan la misma desviación de la luz, y contribuyen a concentrarla en un mismo punto, en este caso en un círculo que rodea el disco solar o lunar que constituirá el halo.

Los parhelios

Los parhelios o «falsos soles» se forman también por refracción, en este caso de la luz solar. Consiste en la formación, a 22° a cada lado del disco solar (o bien solo en uno) de una mancha brillante, razón por la cual este fenómeno también se llama *falsos soles*.

Para la formación de un parhelio es necesario, en primer lugar, la presencia en el cielo de nubes altas, normalmente del género cirroestratus, formadas por cristales de hielo orientadas todas en una misma dirección. En segundo lugar, la luz solar debe incidir en estos cristales con un determinado ángulo, que tan solo se consigue cuando el disco solar se encuentra bajo sobre el horizonte, razón por la cual este fenómeno solo se observa en las latitudes medias al final del día, o a primera hora de la mañana, a la salida del sol.

Otros fenómenos ópticos generados por las nubes altas

Aparte de los halos y los parhelios, los cristales de hielo de las nubes altas o bien, en climas muy fríos, los cristales de hielo de la nieve en polvo levantada por el viento pueden generar una gran variedad de fenómenos luminosos, tal como podemos observar en la imagen de la página 157. Su aparición depende de la tipología y disposición de los cristales de hielo, así como de la posición del Sol en el cielo.

El arco iris

El arco iris es el fenómeno óptico más conocido y popular, por su frecuencia relativamente elevada. Se forma como consecuencia de la refracción y la reflexión de los rayos solares en las gotas de agua de la lluvia. Cuando los rayos solares inciden sobre las gotas de lluvia, estos pasan a través o son dispersados en todas direcciones. Pero cuando la luz solar incide con un determinado ángulo sobre el borde de las gotas de agua, cambia su dirección de propagación hasta tres veces. Primero, entra en la gota donde se produce el fenómeno de la refracción de la luz, de manera que la luz blanca se descompone en los siete colores primarios; segundo, en el fondo de la gota, la luz se refleja, y cambia la dirección de propagación; y, finalmente, sale de nuevo a la atmósfera, descomponiéndose en los colores primarios y en una dirección distinta a la de entrada. El efecto combinado de todo este proceso en muchas gotas de lluvia acaba formando un arco, que puede adquirir diferentes formas y tamaños. Para

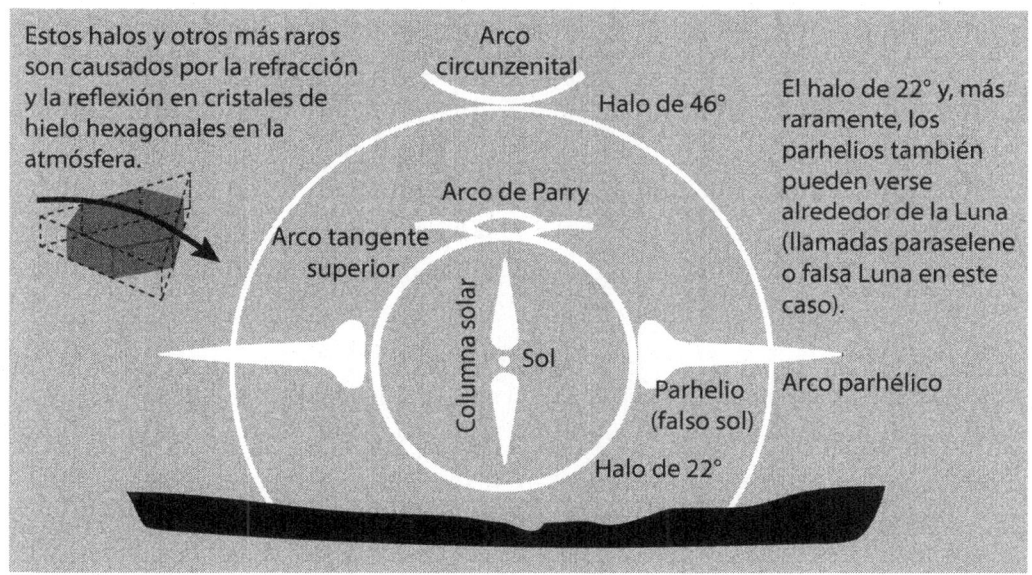

Principales fenómenos ópticos que pueden generar los cirroestratus.

Estos halos y otros más raros son causados por la refracción y la reflexión en cristales de hielo hexagonales en la atmósfera.

Arco circunzenital

Halo de 46°

El halo de 22° y, más raramente, los parhelios también pueden verse alrededor de la Luna (llamadas paraselene o falsa Luna en este caso).

Arco de Parry

Arco tangente superior

Columna solar

Sol

Parhelio (falso sol)

Arco parhélico

Halo de 22°

poder observarlo es necesario que la posición del observador sea la óptima, es decir, de espaldas al Sol y mirando hacia una cortina de precipitación líquida iluminada por la luz solar.

A veces es posible observar un arco secundario, más débil y con los colores invertidos con respecto al primario, y que lo rodea. Este arco se forma porque algunos rayos de luz se reflejan dos veces en el interior de las gotas de lluvia y salen dispersos con un ángulo más grande.

Las coronas y las iridiscencias

Las coronas y las iridiscencias son fenómenos ópticos que se producen con las nubes medias. La difracción y refracción de la luz solar, o lunar, en las gotitas líquidas de estas nubes, son los procesos físicos que las generan.

La corona solar, o lunar, es un fenómeno óptico que consiste en la aparición alrededor del disco solar o lunar de una mancha circular luminosa, irregular y de una cierta anchura, que a veces va acompañada de anillos de los diferentes colores del arco iris. Para que se forme la corona solar, o lunar, el disco de estos astros debe estar cubierto por una capa fina de nubes medias, formadas por gotitas de agua líquida, que dejen pasar la luz. La difracción de la luz procedente del Sol o la Luna en las gotitas de las nubes es la causa de su formación. La desviación de los rayos solares, o lunares, por la presencia de las gotitas de agua genera la descomposición de la luz blanca en los colores del arco iris.

Las coronas lunares son más vistosas que las solares, ya que la observación de las solares presenta la dificultad de que la luz del Sol es muy intensa y deslumbra al observador, lo que dificulta la visualización de los colores y los anillos.

Las iridiscencias no presentan simetría, sino que aparecen como manchas irregulares de colores en el interior de una nube, a veces como franjas de colores en uno de los lados. Su proceso de formación es idéntico al de las coronas, la difracción de la luz solar o lunar en las gotitas de las nubes medias, razón por la cual puede interpretarse como una corona parcial que no ha acabado de formarse. Los colores de las manchas que conforman la iridiscencia dependen de dos factores: el tamaño y la uniformidad de las gotas de agua líquida de la nube media, y el ángulo de observación. La tonalidad azulada es la

**Si quieres
el arco iris,
primero deberás
soportar la lluvia.**

DOLLY PARTON

Corona solar sobre una capa de cirrostratus. Febrero, 2012. ©Marcel Costa

dominante, aunque las rojizas y verdosas acostumbran a estar muy presentes.

Como en el caso de las coronas, a medida que las gotitas de las nubes medias son más pequeñas y uniformes, la iridiscencia es más nítida y vistosa, mientras que la falta de uniformidad de tamaño y de las gotas más grandes las difuminan y desdibujan.

El espectro de Brocken o gloria

Generado por la difracción y reflexión de la luz solar en las gotitas de una nube baja, niebla o precipitación muy fina, la observación del espectro de Brocken o círculo de Ulloa no deja a nadie indiferente. Es bien conocido por los montañeros, ya que es un fenómeno que no es fácil observar desde la cima de las montañas, cuando hacia el valle hay un estrato nuboso. Cuando una persona se encuentra en la cima de una montaña o en una cadena montañosa, y el Sol, a su espalda, está relativamente bajo respecto al horizonte, observará su propia sombra o la de las típicas cruces de las cumbres proyectadas y ampliadas sobre el banco de niebla o nubes que hay situadas más abajo, hacia el fondo del valle. La sombra proyectada se encuentra rodeada de anillos o halos de múltiples colores, generados por la difracción y refracción de la luz solar en las gotitas del agua que forman la nube.

Las glorias son el mismo fenómeno pero que se observa desde la ventanilla de un avión, cuando la sombra del aparato se proyecta ampliada sobre un banco de nubes situadas centenares de metros más abajo, y alrededor de esta sombra aparecen anillos concéntricos de colores.

Auroras boreales y australes

Uno de los espectáculos naturales más bellos que podemos observar desde la Tierra es el de las auroras boreales, cuando se dan en el hemisferio norte, o australes, si se originan en el hemisferio sur. Tienen apariencias diferentes y variadas. A veces se observan como cortinas luminosas de distintos colores en movimiento y que cubren buena parte del cielo nocturno. Otras veces aparecen como una especie de arco luminoso multicolor que permanece durante mucho tiempo en la misma posición del cielo nocturno. Su observación se restringe a los dos extremos del planeta, a las largas y silenciosas noches de los meses fríos de las zonas circumpolares, aunque en alguna ocasión se ha observado, muy tenuemente, desde las latitudes medias en periodos de alta actividad solar, como ocurrió el 10 de mayo de 2024 en muchos lugares del mundo.

Las auroras se forman en la alta atmósfera de nuestro planeta, pero su origen es claramente astronómico. La actividad solar genera, por un lado, radiación electromagnética, y, por otro, partículas subatómicas de diversas clases, que conforman el llamado *viento solar*, que también llega a nuestro planeta. El viento solar está formado principalmente por un conjunto de partículas subatómicas cargadas eléctricamente (electrones y protones). Las auroras se producen cuando estas partículas chocan con las moléculas de gas de las capas altas de la atmósfera terrestre, la llamada ionosfera, situada entre 100 y 1.000 kilómetros sobre la superficie terrestre. Cuando estos electrones llegan

Aurora boreal coloreando
el cielo nocturno de Osona.
Mayo, 2024. ©Marcel Costa

a la alta atmósfera a una velocidad de 1.500 km/s, se produce un estallido de luz al chocar con las moléculas de gas, que es lo que se conoce como ionización. Según sea el gas con el que chocan los electrones, la luz que emiten es de distintos colores. Así, por ejemplo, si los electrones chocan con el oxígeno a baja presión se emite una luz de color amarillo verdoso, y si la colisión se produce con oxígeno a más baja presión se emite una luz roja. La luz de color azul se produce en las colisiones con el nitrógeno.

Espejismos

El cambio en la densidad de determinadas capas de aire, generado por un gran calentamiento o enfriamiento, provoca una modificación en la dirección rectilínea de propagación de los rayos luminosos emitidos por los objetos. Así su imagen aparece distorsionada, invertida o aumentada en una posición diferente de la que ocupan realmente, lo que genera un espejismo.

Espejismos inferiores

Las capas de aire inmediatas al suelo, es decir, las que están en contacto con la arena del desierto o con el asfalto de las carreteras durante el verano, se calientan considerablemente y pierden densidad. Los rayos de luz reflejados por los objetos más altos de un paisaje, al dirigirse hacia el suelo, encuentran cada vez masas de aire más cálido. En estos cambios, el rayo de luz se refracta, es

Trayectoria de la luz en los espejismos superior e inferior. (CC BY-SA 4.0)

decir, cambia su dirección de propagación y, poco a poco, va curvándose, hasta que este curvamiento puede incluso provocar que el rayo se eleve y no se dirija hacia el suelo, como lo hacía en un inicio. Entonces observaremos como si el rayo de luz de aquel objeto procediera de un punto inferior, y veremos dos objetos, el real y una imagen del mismo invertida, como si hubiera un espejo en el suelo. Así, es muy frecuente que el cielo azul se vea proyectado sobre la arena del desierto o sobre el asfalto de una carretera dando la impresión de que hay agua.

Espejismos superiores
Conocidos por los marineros con el nombre italiano de *fata Morgana*, estos espejismos superiores, no tan comunes como los inferiores, se forman en los mares y océanos de aguas frías. El efecto del espejismo superior es inverso al inferior, ya que es como si los objetos se reflejaran en un espejo horizontal situado en el cielo, y no en el suelo. En él pueden reflejarse objetos situados sobre el mar, que aparecen como flotantes e invertidos. Hay relatos de navegantes y viajeros que han sido testigos de visiones fantásticas y extrañas que se atribuyen a la formación de un espejismo superior: la observación de barcos, faros o islas en el cielo volando (en lugar de navegando o sobre el horizonte tocando al agua del mar, que es lo que cabría esperar).

V. El clima

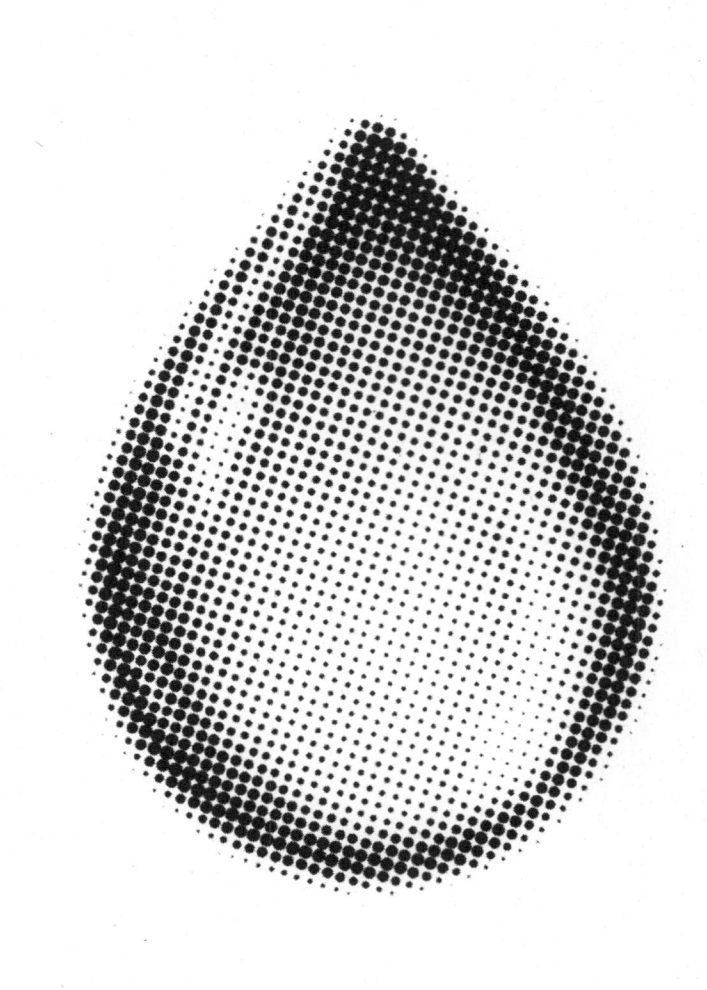

27. ¿QUÉ ES EL CLIMA?

La meteorología y la climatología son ciencias con enfoques diferentes. La meteorología estudia y analiza el estado de la atmósfera, su dinámica y evolución, y los fenómenos que pasan en ella. La climatología, en cambio, identifica y caracteriza las diferentes sucesiones de los estados de la atmósfera en un periodo de tiempo más o menos largo, es decir, el clima. Se entiende por clima el estado medio de las variables meteorológicas en un periodo de tiempo bastante largo, de al menos 30 años, según la Organización Meteorológica Mundial.

Podríamos comparar la climatología a una serie completa que se emite en cualquier plataforma, por ejemplo una serie de 11 temporadas, cada una formada por 10 capítulos. La meteorología sería un fragmento de pocos segundos de uno de los capítulos. Sin embargo, solo viendo todas las temporadas y los sucesivos capítulos sabremos de qué va la serie; eso sería el clima. Ver un fragmento breve de un único capítulo sería un episodio meteorológico, no climático. Por ello, para tener una idea del clima de un determinado lugar es preciso analizar la sucesión de los episodios meteorológicos, y hacer una media.

Así pues, la sucesión de los diferentes estados de la atmósfera y de los fenómenos meteorológicos que se producen en un determinado lugar, y durante un periodo de tiempo significativo de al menos 30 años, define el clima de dicho lugar. El clima presenta una variabilidad natural, igual que los registros meteorológicos. Dicha variabilidad natural del clima de una región es la responsable de que no haya dos años meteorológicamente idénticos. La variación interanual de diferentes parámetros meteorológicos es más acentuada en unas zonas que en otras. Así, por ejemplo, en la zona climática definida como mediterránea es habitual tener un año seco después de uno muy lluvioso, y un invierno suave seguido de uno riguroso. En cambio, en otros climas, como el oceánico, dicha variabilidad, a pesar de existir, no es tan marcada.

UNA CONFUSIÓN COMÚN

A menudo, en muchos medios de comunicación y en general en la vida diaria, se suele confundir el término *climatología* por el de *meteorología*: «Por causas *climatológicas* queda interrumpida la línea 1 de tren o se ha suspendido el partido de fútbol»... El motivo de que la línea de tren haya quedado interrumpida o que el partido de fútbol se haya suspendido no está relacionado con el clima, sino con un episodio de meteorología adversa. Si realmente fueran las condiciones climáticas, significaría que el estado medio de la atmósfera presenta unas condiciones adversas para las distintas actividades. Y esto no es así, sino solo en determinados episodios meteorológicos desfavorables. Ciertamente serían las causas climatológicas las que impedirían poder disputar un partido de fútbol en lugares como Groenlandia, o la Antártida.

Los negacionistas del cambio climático utilizan esta confusión y apelan a menudo a que en el pasado también se alcanzaron temperaturas cálidas extremas. Confunden meteorología con climatología.

PARÁMETROS QUE DEFINEN UN CLIMA

El registro diario de diferentes parámetros y episodios meteorológicos permite construir las llamadas *series climáticas*, una recopilación de datos y observaciones meteorológicas que permiten extraer unos valores medios que caracterizan el estado medio de la atmósfera. Los más representativos son la media de precipitación mensual así como la temperatura media mensual del aire. Con ambos datos pueden elaborarse los llamados *climogramas*, gráficas en las que se relacionan estos dos parámetros a lo largo del año y que permiten discernir con rapidez los diferentes climas del planeta. Otros parámetros, como la precipitación anual, la temperatura media diaria, la máxima, la mínima, la dirección del viento dominante, la radiación solar y la presión atmosférica, entre otros, definen el clima de una zona.

28. FACTORES QUE DETERMINAN EL CLIMA

El clima de la Tierra viene determinado, en general, por una serie de factores endógenos que influyen en el clima y que forman parte del sistema atmósfera-Tierra, y otra de factores exógenos, es decir aquellos exteriores en nuestro planeta.

Empecemos por estos últimos, esto es, los exógenos. El matemático y astrónomo serbio Milutin Milankovitch (1879-1958) estudió los cambios en los parámetros orbitales de la Tierra alrededor del Sol y su relación con los periodos glaciares, y basó su teoría en tres ciclos de la órbita terrestre en una escala de decenas de miles de años, debido a la atracción que la Luna y el resto de planetas ejercen sobre la Tierra. El primero

**El clima es
lo que esperamos;
el tiempo lo
que recibimos.**

MARK TWAIN

de los ciclos hace referencia a la oblicuidad de la órbita, es decir, al ángulo de inclinación del eje de rotación de la Tierra con respecto al plano de la eclíptica (la trayectoria que sigue la Tierra alrededor del Sol). Actualmente, este ángulo es de unos 23,5°, pero a lo largo de un periodo de unos 40.000 años puede variar entre 22,1° y 24,5°. Este cambio de inclinación modifica la distribución de la energía que proviene del Sol y, por lo tanto, un cambio en el movimiento de las masas de aire de la Tierra.

El segundo ciclo hace referencia a la excentricidad de la órbita. La Tierra orbita alrededor del Sol en una órbita casi circular, pero no siempre ha sido así. Aproximadamente cada 100.000 años, la órbita terrestre adquiere una forma más elíptica. En los momentos de máxima excentricidad, la Tierra se encuentra más lejos del Sol y, consecuentemente, la energía que llega a nuestro planeta es menor. Esto provoca una alteración en el balance energético de la Tierra que puede desencadenar un enfriamiento global. El último de los ciclos hace referencia a la precesión de la órbita de nuestro planeta. La Tierra, en su movimiento de traslación alrededor del Sol y de rotación propio, tiene un movimiento parecido al de una peonza: el eje terrestre describe una circunferencia aproximadamente cada 26.000 años. Los cambios en la precesión implican un desplazamiento en el momento en que la Tierra alcanza el perihelio (el punto en que la Tierra se halla más cerca del Sol), se intensifica la energía que se recibe en uno de los hemisferios y se reduce en el otro, sobre todo en las zonas polares, donde variaciones importantes de la energía solar pueden provocar periodos glaciares.

El Sol, a pesar de tener una actividad bastante regular, no es constante del todo, tal como evidencian los cambios en las manchas solares. La variación de su actividad, por muy ligera que sea, podría comportar cambios en el clima de la Tierra. Se estima que una variación del 1 % de la actividad solar conlleva cambios de 2-3 °C en la temperatura media del aire en la superficie terrestre. Aunque no se conoce bien la fluctuación de la actividad solar, sí sabemos que aproximadamente cada 1.000 millones de años la actividad solar aumenta en un 10 %. Por otro lado, se conocen ciclos de 11 y 80 años en la actividad solar que varían ligeramente la cantidad de energía que llega a la Tierra y, como consecuencia, cambia sus condiciones climáticas.

Hay otros factores exógenos que también tienen una influencia en el clima. Últimamente los científicos han determinado que la variación del campo magnético solar y terrestre también pueden generar cambios climáticos en la Tierra.

En cuanto a los factores endógenos, el vulcanismo es uno de los mejor estudiados. La emisión de cenizas y gases volcánicos a la estratosfera, sobre todo de los volcanes situados en latitudes ecuatoriales y tropicales, genera aerosoles que detienen parte de la radiación solar. Esto provoca un enfriamiento global en el planeta.

La corriente del Golfo es también uno de los mecanismos endógenos más conocido. Una corriente superficial de agua cálida del golfo de México se desplaza hacia latitudes más elevadas, pasando por delante de las costas atlánticas de Europa hasta llegar más allá de Islandia. En este ascenso de latitud el agua cede su calor al aire y atempera el clima de la Europa occidental. El agua va enfriándose, aumenta su densidad y salinidad, y se hunde más allá de Islandia hasta el fondo marino, donde se desencadena una corriente profunda de retorno. Un debilitamiento o la parada de estas corrientes marinas desempeña un papel fundamental en el clima del planeta. Si el calor de la zona ecuatorial no es transportado a las zonas polares, como ha ocurrido en varias ocasiones a lo largo de la historia del planeta, el casquete polar aumenta de extensión, y se expande hacia el sur. Esto provoca un aumento del albedo, es decir, más reflexión de la radiación solar (y por lo tanto menos absorción). Se inicia así un proceso de retroalimentación que puede conllevar el inicio de una era glacial. Las nubes, las partículas en suspensión y la concentración de determinados gases en la atmósfera son, entre otros, también factores endógenos.

29. CLASIFICACIÓN DE LOS CLIMAS

Ya hemos dicho que el clima de un lugar viene determinado por varios factores. La proximidad del mar o de un océano es uno de ellos, ya que minimiza la variación térmica. Es lo que hace que un clima sea continental (si está muy lejos del mar u océano) o marítimo. La latitud condiciona considerablemente el clima, ya que la intensidad de la radiación solar es más elevada cuanto más cerca está del ecuador y menos de los polos. Otro de los factores que condiciona el clima es la altitud. Cuanto mayor altitud sobre el mar, el aire es menos denso y las variaciones térmicas más acentuadas.

La clasificación de los climas terrestres es una tarea compleja, ya que a estos factores mencionados se suman otros, como el tipo de vegetación. La clasificación realizada en 1900 por el geógrafo y meteorólogo Wladimir Köppen es una de las más conocidas y utilizadas, y de las mejores clasificaciones empíricas. Su idea fundamental es que la vegetación natural de una región determinada indica el clima dominante, si bien el clima también se define por valores mensuales y anuales de parámetros meteorológicos, como son la precipitación y la temperatura.

La clasificación de Köppen, teniendo en cuenta esos tres criterios, distingue grupos y subgrupos climáticos, que se diferencian por medio de un código de letras mayúsculas y minúsculas. Köppen distingue cinco grandes grupos de climas, definidos a partir de criterios térmicos e identificados con las letras A, B, C, D y E. Estos cinco climas fundamentales se encuentran, a su vez, subdivididos en subgrupos más específicos, identificados con letras minúsculas (f, s, w, m) y definidos a partir de la distribución estacional de la precipitación. De la combinación de estas letras correspondientes a climas generales y específicos, se derivan doce climas propuestos por Köppen, que se matizan con una tercera letra minúscula según el régimen térmico (a, b, c, d, h, k).

LOS CINCO CLIMAS FUNDAMENTALES DE KÖPPEN

Los cinco climas fundamentales de la clasificación de Köppen son los siguientes:

- La letra mayúscula A es el clima tropical lluvioso. En este, todos los meses la temperatura media supera los 18 °C, no existe estación invernal, y las precipitaciones son abundantes.

- La **B** corresponde a los climas secos, donde la evaporación supera la precipitación y la vegetación sufre estrés hídrico.

- La **C** es el clima templado y húmedo, donde el mes más frío presenta una temperatura media entre –3 °C y 18 °C, y la media del mes más cálido supera los 10 °C.

- La **D** son los templados de invierno frío, en los que la temperatura media del mes más frío es inferior a –3 °C, y la del mes más cálido se halla por encima de los 10 °C.

- La **E**, o climas polares, no tienen estación cálida, y la media de las temperaturas de cualquier mes es siempre inferior a 10 °C.

LOS SUBCLIMAS

Dos climas que pertenecen a uno de los cinco climas fundamentales de Köppen pueden presentar diferencias apreciables entre sí, razón por la cual se introducen subclimas más específicos que los generales y que se definen a partir de dos criterios: la distribución estacional de la precipitación y el régimen térmico.

Criterio de la distribución estacional de la precipitación

Se establecen cuatro subgrupos: Aquellos en los que la precipitación está presente y es importante durante todo el año, sin que haya un periodo seco, se representan con la **f**, mientras que aquellos en que hay claramente un periodo seco en verano, se representan con la

s. Si el periodo seco es en invierno, se representan con la **w**. En el caso de un régimen pluviométrico tipo monzónico, este se identifica con la **m**.

Criterio del régimen térmico

La tercera letra que define el clima hace referencia al régimen térmico. Así, los climas con la temperatura media del mes más cálido superior a 22 °C se representan con la **a**. Si la temperatura del mes más cálido supera en promedio los 22 °C pero, durante al menos cuatro meses al año, se halla por debajo de 22 °C y por encima de los 10 °C, el clima es de variedad **b**. Si durante menos de cuatro meses, la temperatura media es superior a 10 °C, pero la media del mes más frío se halla por encima de –38 °C, es del tipo **c**. Los climas en los que la temperatura del mes más frío se halla por debajo de –38 °C son de tipo **d**. En los tipos **h**, la temperatura media anual supera los 18 °C, mientras que en los de tipo **k,** la temperatura media anual es inferior a 18 °C. Los climas isotérmicos, en los que la amplitud de la temperatura no sobrepasa los 5 °C, se representan con la letra **i**.

30. EL CAMBIO CLIMÁTICO

El reto más complejo y poliédrico que jamás ha afrontado la humanidad es probablemente el cambio climático que está experimentando nuestro planeta debido a las alteraciones provocadas por los seres humanos en la

Los diferentes tipos de clima de la clasificación de Köppen. (CC BY-SA 4.0)

composición de la atmósfera. Si bien analizar esta cuestión sería una tarea ardua, que por sí misma requeriría la redacción de otro libro, en los siguientes apartados trataremos los aspectos más relevantes de este grave impacto medioambiental.

EL EFECTO INVERNADERO NATURAL

A menudo oímos decir que el cambio climático es culpa del efecto invernadero. En este sentido es muy importante hacer aquí una puntualización. La Tierra no sería un planeta habitable si no existiera un efecto invernadero natural. Los gases responsables de este efecto están formados por moléculas de tres átomos o más (CO_2, CH_4, O_3 y vapor de agua, principalmente), las cuales reemiten, en forma de radiaciones infrarrojas, parte de la energía emitida por la superficie terrestre. Este calor queda retenido en la atmósfera en lugar de perderse hacia el espacio, de manera que actúa como los cristales de un invernadero. Este fenómeno desempeña un papel fundamental en las temperaturas suaves que, en promedio, registra la Tierra. En efecto, si calculamos la temperatura media esperada del planeta, teniendo en cuenta la energía solar incidente, obtendremos un valor de −18 °C. En cambio, el valor real es de unos 15 °C. Esta gran diferencia se debe al efecto invernadero natural de nuestra atmósfera.

EL CALENTAMIENTO GLOBAL

En la actualidad, el grave impacto del calentamiento global de la atmósfera terrestre se debe a un incremento de este efecto invernadero. Se trata de un proceso que se inició a finales del siglo XVIII con la Revolución Industrial, pero que se ha ido agravando con el tiempo. Su origen se debe a la liberación en la atmósfera de grandes cantidades de gases de efecto invernadero, principalmente CO_2, procedente del uso de combustibles fósiles (carbón, petróleo y sus derivados, y gas natural). También contribuyen otros gases, como los óxidos de nitrógeno, generados por los motores de explosión (los que funcionan con gasolina, gasóleo, queroseno, etcétera), así como el metano, un gas emitido por los vertederos de basura, la ganadería extensiva y algunos cultivos como el arroz. Si bien estos gases son emitidos en cantidades significativamente menores que el dióxido de carbono, su efecto es también significativo, ya que las moléculas que los componen son bastante más dañinas que el dióxido de carbono que genera efecto invernadero.

La concentración media de dióxido de carbono a la baja atmósfera, que hasta la Revolución Industrial se había mantenido casi constante en torno a las 280 ppm (partes por millón), en noviembre de 2025 a 426,5 ppm, y con una clara tendencia al aumento.

La consecuencia climática directa del incremento del efecto invernadero es un aumento de la temperatura global del planeta, pero distribuido de manera desigual.

CAMBIO CLIMÁTICO GLOBAL

El aumento de la temperatura media está alterando los patrones atmosféricos de manera que no solo es este parámetro el que se ve alterado por el incremento del efecto invernadero. Otras alteraciones observadas nos permiten hablar de un cambio climático global, como por ejemplo:

- Cambios del patrón pluviométrico a escala mundial: tendencia a la sequía en zonas ya áridas y aumento de precipitaciones en regiones lluviosas. En el norte de Europa, por ejemplo, se prevé un incremento entre el 10 % y el 20 %, y en la cuenca mediterránea, una disminución del 20 %.

- Fenómenos meteorológicos adversos más intensos y frecuentes: huracanes, olas de calor, etcétera.

Estos cambios climáticos generarán otros efectos e impactos inducidos:

- Reducción del hielo marino, glaciares de montaña y casquetes polares.

- Un aumento del nivel del mar de entre 20 y 80 cm, debido a la dilatación del agua marina y por la reducción del hielo.

- La presencia de plagas y enfermedades tropicales en zonas donde actualmente no se dan, como las langostas o el dengue.

- Cambios en los ciclos biológicos, como el avance de la floración de algunos árboles, que puede afectar a la sincronización entre especies. Graves afectaciones a los organismos de los climas fríos.

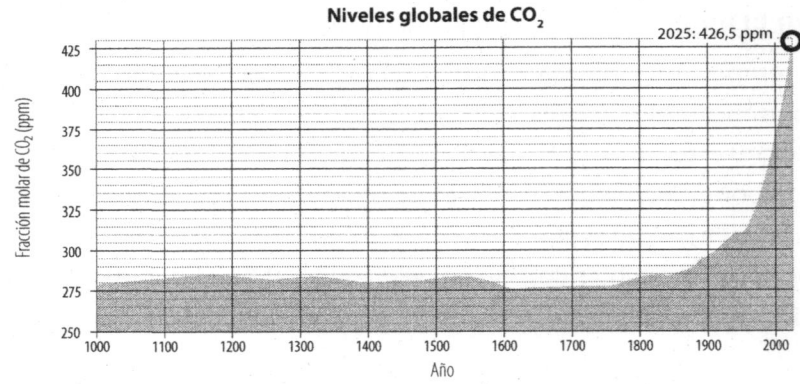

Niveles globales de CO$_2$

2025: 426,5 ppm

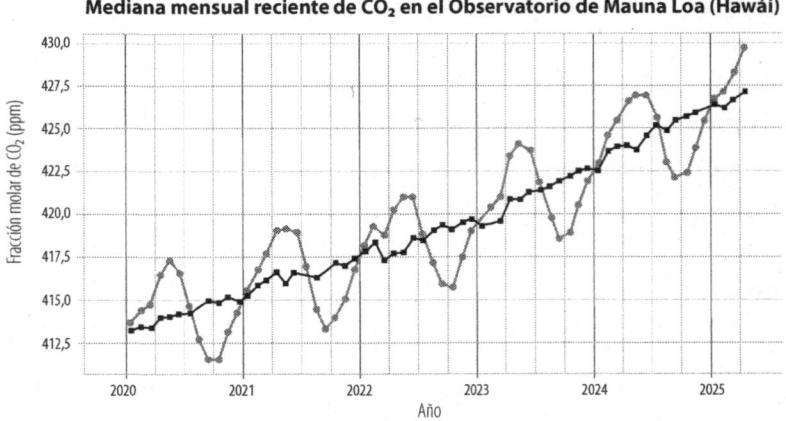

Mediana mensual reciente de CO$_2$ en el Observatorio de Mauna Loa (Hawái)

Evolución de los niveles de dióxido de carbono desde el año 1000 (a partir del análisis de burbujas de aire de los glaciares de la Antártida), y detalle del incremento durante los últimos años (medidas directas).

EVIDENCIAS DEL CAMBIO CLIMÁTICO

Aunque todavía hay personas negacionistas del cambio climático, existen numerosos datos instrumentales científicamente contrastados que constituyen evidencias innegables de este impacto medioambiental. Veamos algunas de ellas:

- El análisis de la composición del aire atrapado en burbujas del hielo en la Antártica indica que las concentraciones de CO_2, metano y óxido nitroso han alcanzado niveles no vistos en al menos 800.000 años, con un aumento de casi un 52 % del CO_2 desde 1750.

- La temperatura media de la Tierra ha aumentado aproximadamente 1,1 °C desde finales del siglo XIX.

- Las olas de calor son cada vez más intensas y duraderas. En la península Ibérica, por ejemplo, entre 2015 y 2024 se han registrado 30 episodios de calor intenso (con respecto a los 15 de la década anterior). La duración media ha pasado de 3,9 a 6,9 días, y ha afectado a más provincias.

- El nivel del mar ha subido de media unos 20-25 cm desde 1880. Entre 1993 y 2003, ha aumentado a un ritmo de 2,1 mm/año, pero este incremento se ha duplicado entre 2013 y 2023 (4,3 mm/año).

- Entre 1979 y 2024, la superficie de hielo marino se ha reducido en unos 2,2 millones de km^2. El 11 de septiembre de 2024, el Ártico registró una extensión mínima de cerca de 4,28 millones de km^2, esto es, aproximadamente, 1,94 millones de km^2 por debajo de la media de 1981-2010, que era de 6,22 millones de km^2.

- Todos los glaciares del mundo están retrocediendo. En los Alpes europeos, por ejemplo, han experimentado una reducción aproximada del 50 % de su superficie desde 1950. En los Pirineos, entre 1984 y 2023, se ha perdido alrededor del 82 % de la superficie glaciar, que ha pasado de 814 ha a 143 ha.

- Pérdida de hielo en Groenlandia y la Antártida: en el caso de la capa de hielo de Groenlandia, entre 1972 y 2022, ha perdido un total de 5.467 ± 535 gigatoneladas (Gt), lo que ha contribuido a una subida del nivel del mar de 15,2 ± 1,5 mm. La tasa anual de pérdida ha pasado de solo 51 ± 20 Gt/año en 1980 a 242 ± 25 Gt/año en 2010. En el caso de la Antártida, entre 1979 y 2022, la capa de hielo ha perdido 4.790 ± 987 Gt lo que ha supuesto un aumento del nivel del mar de 13,3 ± 2,7 mm.

- Los mares y océanos también se han calentado significativamente respecto al periodo preindustrial, entre 0,7 °C y 1 °C de media global, y hasta 1,45 °C en regiones específicas.

- A estos datos instrumentales, podríamos añadir muchos otros relacionados con las afectaciones de los ecosistemas, los cuales constituyen bioindicadores de los cambios en el sistema climático de la Tierra. Así, podríamos mencionar la migración de especies hacia latitudes o altitudes más frías, el blanqueo masivo de corales debido al aumento de temperatura del mar o cambios en los ciclos de vida (floración, fructificación, etcétera) de muchas especies.

EL IPCC

La institución de referencia con respecto al análisis, seguimiento y predicción del cambio climático es IPCC (*Intergovernmental Panel on Climate Change*), el Grupo Intergubernamental de Expertos sobre el Cambio Climático. Se trata de un organismo que fue creado en 1988 por el Programa de las Naciones Unidas para el Medio Ambiente (PNUMA) y la Organización Meteorológica Mundial (OMM).

El IPCC está organizado en tres grupos de trabajo:

1. Grupo I: Ciencia física del cambio climático.

2. Grupo II: Impactos, adaptación y vulnerabilidad.

3. Grupo III: Mitigación del cambio climático.

Estos grupos de trabajo están integrados por científicos expertos en la materia, elegidos con criterios de representación geográfica y disciplinaria amplia. Estos expertos, en el contexto del IPCC, no se dedican propiamente a la investigación sino que evalúan los artículos científicos más relevantes sobre el cambio climático, sus impactos y riesgos y las posibles estrategias de adaptación y mitigación, y publican amplios informes cada 5-7 años, y otros más específicos (sobre el suelo, los océanos, etcétera). El último informe, el sexto, se publicó entre 2021 y 2023 y participaron directamente como autores cerca de 700 científicos de 195 países. Si se cuentan también revisores y contribuyentes externos, la cifra de personas implicadas en todo el proceso puede alcanzar más de mil.

El IPCC recibió el Premio Nobel de la Paz en el año 2007, conjuntamente con Al Gore, por su labor de profundizar en el conocimiento sobre el cambio climático y sentar las bases para adquirir medidas correctivas.

LAS PREDICCIONES DEL CAMBIO CLIMÁTICO

Las predicciones sobre la posible evolución del cambio climático global se realizan con simulaciones informáticas muy complejas, similares a las empleadas para la predicción numérica del tiempo atmosférico, pero que, en este caso, aportan datos sobre tendencias climáticas futuras a escala global y regional.

El IPCC realiza predicciones sobre el cambio climático empleando para ello escenarios futuros que combinan la previsión de las evoluciones de:

- Emisiones de gases de efecto invernadero.

- Cambios socioeconómicos (crecimiento, políticas, desigualdades…).

- Tecnología y uso del suelo.

En su último informe, los escenarios, ordenados progresivamente del más optimista al más pesimista, son los que se pueden ver en la página 185.

Para ver con más detalle hasta qué punto puede ser diferente el futuro de la humanidad según las acciones que se lleven a cabo a partir de ahora y hasta finales del siglo XXI, es relevante comparar las repercusiones para el año 2100 de los dos escenarios más extremos (véase la página 186).

Escenario SSP	Nombre	Calentamiento estimado (2100)	Descripción
SSP1-1.9	Camino verde sostenible	+1,4 °C	Gran cooperación global, energía limpia, reducción drástica de emisiones. Escenario del Acuerdo de París (límite de +1,5 °C).
SSP1-2.6	Transición verde moderada	+1,8 °C	Se reducen las emisiones, pero no lo suficiente para mantenerse bajo +1,5 °C.
SSP2-4.5	Camino medio	+2,7 °C	Políticas climáticas parciales. Algunas acciones, pero insuficientes. Trayectoria actual.
SSP3-7.0	Conflictos y desarrollo desigual	+3,6 °C	Alta desigualdad, poca cooperación internacional. Aumento de emisiones constante.
SSP5-8.5	Futuro de combustibles fósiles	+4,4 °C	Economía global basada en combustibles fósiles. Emisiones descontroladas. Escenario extremo, poco probable, pero posible si no se actúa.

Indicador	SSP1-1.9 (optimista)	SSP5-8.5 (pesimista)
Aumento de la temperatura media global respecto a la era preindustrial	+1,4 °C	+4,4 °C
Aumento del nivel del mar	+0,3–0,6 m	+0,6–1,1 m
Olas de calor extremas	Más frecuentes, pero controlables	Mucho más largas y graves
Fenómenos extremos (huracanes, lluvias)	Ligeramente intensificados	Mucho más destructivos y frecuentes
Producción de alimentos	Mantenimiento con adaptación	Graves pérdidas y hambruna en algunas regiones
Biodiversidad	Pérdidas limitadas de especies	Extinciones masivas y colapso de ecosistemas
Personas expuestas a olas de calor	Centenares de millones	Más de 3.000 millones
Refugiados climáticos potenciales	Centenares de miles	Centenares de millones

LUCHA CONTRA EL CAMBIO CLIMÁTICO

Si observamos bien la segunda tabla (página 186), queda claro que es urgente actuar contra el cambio climático global. Incluso en el mejor de los escenarios, los efectos de este impacto medioambiental nos afectarán durante mucho tiempo, pero si no actuamos, la amenaza de un colapso de nuestra sociedad puede convertirse en una realidad. Luchar de manera efectiva contra el cambio climático requiere acciones coordinadas y coherentes en todos los ámbitos: gobiernos, empresas, comunidades y también a nivel individual. Unas acciones sin las otras pueden resultar ineficaces.

Veamos a continuación las actuaciones más relevantes en cada uno de estos cuatro ámbitos:

1. **Ámbito personal:**

- **Votar partidos y líderes con políticas climáticas serias.**
- **Hacer un consumo responsable:** comprar solo aquellos productos y servicios que realmente necesitamos. Reducir lo que consumimos, reutilizar y reciclar todo lo que podamos. Priorizar productos de proximidad y con poco embalaje.
- **Movilidad sostenible:** utilizar el transporte público, la bicicleta o caminar, siempre que se pueda. En caso de tener que usar vehículo propio optar siempre que sea posible por uno eléctrico y compartirlo cuando sea factible. Restringir el uso de los vuelos y realizar los desplazamientos de ocio o trabajo inferiores a 1.000 kilómetros en tren.

- **Contratar energía verde,** si es posible, o instalar paneles solares.
- **Ahorrar energía en casa:** apagar luces, utilizar electrodomésticos eficientes, aislar bien la vivienda. Usar termostatos para mantener la vivienda entre 27 °C en verano y 18 °C en invierno, y usar ropa adecuada para cada estación.
- **Hacer una dieta equilibrada,** con solo la cantidad de proteínas necesaria (reduciendo, en general, el consumo de carne y pescado). Elegir alimentos producidos localmente.
- **Gestionar de manera adecuada los residuos.**
- **Educar, informar y concienciar a nuestra comunidad, familia, vecindario,** etcétera, con respecto a la lucha contra el cambio climático.

2. Ámbito comunitario:

- **Promover la educación ambiental en escuelas, barrios o asociaciones.**
- **Impulsar proyectos de reforestación, jardines verticales, terrados verdes y huertos urbanos.**
- **Reclamar espacios verdes,** carriles bici y zonas de bajas emisiones en las ciudades.
- **Impulsar comunidades energéticas locales con autoconsumo compartido.**
- **Coordinar el uso de los vehículos** entre personas que trabajan en un mismo lugar con el fin de compartirlos.
- **Apoyar empresas sostenibles, locales y con prácticas limpias.**

3. Gobiernos:

- **Aplicar políticas de descarbonización** (eliminar progresivamente los combustibles fósiles).
- **Invertir en energías renovables, transporte público y eficiencia energética.**
- **Invertir en investigación** relacionada con la sostenibilidad y tecnologías eficientes.
- **Cumplir y reforzar los compromisos climáticos internacionales** (como el Acuerdo de París).
- **Proteger espacios naturales** para que actúen como sumideros de dióxido de carbono.
- **Aplicar impuestos al carbono y eliminar los subsidios a los combustibles fósiles.**
- **Penalizar el ecoblanqueo** desde el ámbito político y empresarial.

4. Grandes empresas:

- **Establecer sistemas de producción limpia y circular,** sin emisiones ni residuos innecesarios.
- **Establecer cadenas de suministro sostenibles.**
- **Ser transparente con respecto a la huella de carbono** de los sistemas de producción y llevar a cabo acciones de compensación reales.

BIBLIOGRAFÍA

Costa, Marcel; Mazón, Jordi (2009): *Conocer las nubes*. Serie Planeta Vivo. Ediciones Lectio. ISBN 978-84-96754-37-9.

Ledesma, Manuel (2011). *Principios de meteorología y climatología*. Ediciones Paraninfo. ISBN 9788497325660.

Mazón, Jordi; Costa, Marcel (2008). *100 preguntes per entendre l'atmosfera*. Col·lecció de 100 en 100, número 1. Cossetània Ed. ISBN 978-84-9791-336-2.

Mazón, Jordi (2012). *Què plourà, avui? Totes les Claus per entendre el temps atmosfèric*. Edicions de la UB. ISBN: 978-84-475-3577-4.

Viñas, José Miguel (2019). *Conocer la meteorología*. Alianza Editorial. ISBN 978-84-9181-683-6.

Viñas, José Miguel (2010). *Introducción a la meteorología*. Editorial Almuzara. ISBN 9788496710603.